CB129908

NÚMEROS REAIS

CONSELHO EDITORIAL
André Luiz V. da Costa e Silva
Cecilia Consolo
Dijon De Moraes
Jarbas Vargas Nascimento
Luís Augusto Barbosa Cortez
Marco Aurélio Cremasco
Rogerio Lerner

Blucher

NÚMEROS REAIS

German Lozada Cruz

Números reais

© 2023 German Lozada Cruz

Editora Edgard Blücher Ltda.

Publisher Edgard Blücher

Editor Eduardo Blücher

Coordenação editorial Jonatas Eliakim

Produção editorial Ariana Corrêa

Revisão de texto Maurício Katayama

Capa Laércio Flenic

Imagem da capa iStockphoto

Editora Blucher
Rua Pedroso Alvarenga, 1245, 4° andar
CEP 04531-934 São Paulo SP Brasil
Tel.: 55 11 3078-5366
contato@blucher.com.br
www.blucher.com.br

Segundo o Novo Acordo Ortográfico, conforme 6. ed. do *Vocabulário Ortográfico da Língua Portuguesa*, Academia Brasileira de Letras, julho de 2021. É proibida a reprodução total ou parcial por quaisquer meios sem autorização escrita da editora. Todos os direitos reservados pela Editora Edgard Blücher Ltda.

Dados Internacionais de Catalogação na Publicação (CIP)
Angélica Ilacqua CRB-8/7057

Cruz, German Lozada

Números reais / German Lozada Cruz. - São Paulo : Blucher, 2023.

112 p.: il.

Bibliografia

ISBN 978-65-5506-755-2

1. Matemática Estudo e ensino 2. Números reais I. Título

23-1717 CDD 510.07

Índice para catálogo sistemático: 1. Matemática Estudo e ensino

Prefácio

Este texto originou-se de notas de aula que preparamos para as disciplinas de Cálculo Diferencial e Integral I, tanto no curso de bacharelado quanto de licenciatura em Matemática no Instituto de Biociências, Letras e Ciências Exatas (Ibilce) da Unesp, campus de São José do Rio Preto.

Geralmente, quando estudamos o Cálculo Diferencial, começamos com o estudo dos números reais e, quando começamos a estudar um curso de análise matemática, iniciamos com um estudo mais completo e rigoroso desses números. A razão é muito simples, tanto no Cálculo como na Análise estudamos a relações entre o conjuntos dos números reais, ou seja, as funções.

Antes de iniciarmos com o estudo do Cálculo Diferencial, começamos fazendo um estudo dos números reais e suas propriedades, o que chamamos de Pré-Cálculo.

O objetivo deste texto é proporcionar aos alunos ingressantes nos cursos de matemática o estudo das propriedades básicas dos números reais, desde o ponto de vista algébrico, da ordem que apresentam os elementos do conjuntos dos números reais, até o ponto de vista da completude, ou seja, se colocarmos todos os números numa reta, esta não apresenta nenhum espaço em branco.

Vamos descrever brevemente o conteúdo de cada capítulo.

No Capítulo 1 enunciamos o princípio da boa ordenação, assim como o princípio da indução finita, e já passamos ao estudo dos números reais a partir do ponto de vista algébrico, ou seja, estudamos o conjunto dos números juntamente com duas operações, a saber, a adição e a multiplicação. Ao leitor interessado em mais detalhes sobre esse assunto, recomendamos consultar os seguintes textos: [1], [4], [7], [9], [10] e [13].

No Capítulo 2 estudamos as propriedades das relações de ordem dos números reais, ou seja, uma comparação entre seus elementos, a regra dos sinais, a qual nos permite resolver algumas inequações básicas, e também o valor absoluto de um número real, e fazemos um breve estudo das propriedades do maior inteiro de um número real. Basicamente estudamos os números reais do ponto de vista de um corpo ordenado. Para o leitor interessado em mais detalhes sobre este assunto, destacamos os excelentes textos [2], [3], [4], [5], [6], [8], [9], [11], [12], [13], [14] e [15].

O capítulo 3 é dedicado ao estudo do supremo e do ínfimo de subconjuntos dos números reais e ao axioma do supremo que diz que todo subconjunto não vazio dos números reais tem supremo. Basicamente estudamos os números reais como um corpo ordenado completo. Para o leitor interessado em mais detalhes sobre este assunto destacamos os excelentes textos [4], [9], [12], [13] e [15].

Meus agradecimentos ao amigo e colega Rônei Sandro Vieira (Instituto Federal do Espírito Santo - Ifes) pela leitura do texto como também pelas observações e sugestões.

Como é sabido, nenhum livro está isento de erros, e os que por ventura forem encontrados são de responsabilidade do autor, que desde já agradece pela comunicação deles.

São José do Rio Preto, setembro de 2022.
German Lozada Cruz

Conteúdo

Capítulo 1

Os números reais: propriedades algébricas

Neste capítulo vamos ver brevemente alguns resultados importantes sobre os números reais. Assumiremos conhecido o conjunto dos números naturais, o qual é denotado por $\mathbb{N} = \{1, 2, 3, \cdots\}$,[1] o conjunto dos números inteiros, o qual é denotado por $\mathbb{Z} = \{\cdots, -2, -1, 0, 1, 2, \cdots\}$[2] e o conjunto dos números racionais, o qual é denotado por $\mathbb{Q} = \left\{\frac{p}{q} : p, q \in \mathbb{Z}, q \neq 0\right\}$.[3]

1.1 Indução matemática

A teoria dos números naturais pode ser obtida a partir de três axiomas, chamados axiomas de Peano. O estudo detalhado dessa teoria está além dos propósitos deste texto. Por isso, vamos partir de outro ponto: vamos admitir conhecidas as operações de adição, suas propriedades algébricas e a ordem dos números naturais.

Definição 1.1.1 *Seja* $\emptyset \neq N \subset \mathbb{N}$. *Dizemos que* $n_0 \in N$ *é o* **menor elemento** (*ou* **elemento mínimo**) *de* N *se* $n_0 \leqslant n$ *para todo* $n \in N$.

[1] A notação $\mathbb{N}$ vem da palavra *natural*. Alguns autores também chamam os números naturais de números *inteiros positivos*.

[2] A notação $\mathbb{Z}$ vem da palavra alemã *Zahl*, que significa número.

[3] A notação $\mathbb{Q}$ vem da palavra *quociente*.

A partir dessa definição, podemos concluir que, se m_0 e n_0 são elementos menores de N, então tem-se $m_0 \leqslant n_0$ e $n_0 \leqslant m_0$, donde $m_0 = n_0$. Portanto, o elemento menor de um subconjunto dos números naturais é único.

Um resultado de grande importância em $\mathbb{N}$ é o chamado *princípio da boa ordenação*.

Princípio da boa ordenação (PBO).
Todo subconjunto $A \subset \mathbb{N}$ não vazio possui um menor elemento de A, isto é, existe $n_0 \in A$ tal que $n_0 \leqslant n$, $\forall n \in A$.

Demonstração. Para cada número $n \in \mathbb{N}$ denotemos por $I_n = \{1, 2, \cdots, n\}$.

- Se $1 \in A$, então 1 será o elemento menor de A.
- Se $1 \notin A$, então consideremos o conjunto $X = \{n \in \mathbb{N} : I_n \subset \mathbb{N} \backslash A\}$.

Como $I_1 = \{1\} \subset \mathbb{N} \backslash A$ segue que $1 \in X$. Por outro lado, como $A \neq \varnothing$ segue que $X \neq \mathbb{N}$. Logo, existe $n \in X$ tal que $n+1 \notin X$. Então $I_n \subset \mathbb{N} \backslash A$, mas $n_0 = n+1 \in A$.

Afirmamos que n_0 é o menor elemento de A. De fato, suponhamos que existe $l \in A$ tal que $l < n+1$. Logo $l \leqslant n$, daí $l \in X$, ou seja, $l \notin A$, o que é um absurdo. Portanto, n_0 é o menor elemento de A. □

Exemplo 1.1.2 *Não existe número natural n tal que $0 < n < 1$.*

Solução. Definamos $A = \{n \in \mathbb{N} : 0 < n < 1\}$. Vamos mostrar que $A = \varnothing$. Suponhamos que $A \neq \varnothing$, logo, pelo princípio da boa ordenação, A possui elemento menor que denotaremos por a. Assim, $0 < a < 1$. Multiplicando essa desigualdade por a temos $0 < a^2 < a < 1$. Logo a^2 é elemento menor de A e é menor que a, mas isso é um absurdo, pois a é elemento menor de A. Portanto, $A = \varnothing$. □

Um resultado que é importante em toda a matemática é o *princípio da indução finita*. Ele é a base de um eficiente método de demonstração de proposições referentes aos números naturais.

Princípio da indução finita. *Seja $P(n)$ uma propriedade referente ao número natural n. Suponhamos que:*

(**i**) *$P(1)$ é válida.*

(**ii**) *Para todo $n \in \mathbb{N}$, a validade de $P(n)$ implica a validade de $P(n+1)$.*

Então $P(n)$ é valida qualquer que seja o número natural n.

Demonstração. Denotemos por $S = \{n \in \mathbb{N} : P(n) \text{ é falsa}\}$ e vamos mostrar que $S = \emptyset$. Suponhamos que $S \neq \emptyset$. Pelo princípio da boa ordenação, S possui elemento menor que denotaremos por n_0. Por (**i**), $n_0 \neq 1$, logo $n_0 > 1$. Como n_0 é elemento menor, segue que $n_0 - 1 \notin S$, ou seja, $P(n_0 - 1)$ é verdadeira. Por (**ii**) segue que $P(n_0)$ também é verdadeira, já que $n_0 = (n_0 - 1) + 1$. Isso é uma contradição. Portanto $S = \emptyset$. □

Exemplo 1.1.3 *Prove que* $1 + 2 + \cdots + n = \frac{n(n+1)}{2}$.

Solução. Seja $P(n)$ a afirmação dada, i.e.,

$$P(n) : 1 + 2 + \cdots + n = \frac{n(n+1)}{2}.$$

Provaremos que $P(n)$ é válida para todo natural n.
(**i**) $P(1) :\ 1 = \dfrac{1(1+1)}{2}$.
(**ii**) Suponhamos que $P(n)$ vale (hipótese de indução). Vamos provar que $P(n+1)$ também vale. De fato,

$$\begin{aligned} 1 + 2 + \cdots + n + (n+1) &= \tfrac{n(n+1)}{2} + n + 1 \\ &= (n+1)(\tfrac{n}{2} + 1) \\ &= \tfrac{(n+1)[(n+1)+1]}{2}. \end{aligned}$$

Portanto,$P(n+1)$ é verdade. Logo, $P(n)$ é válida para todo $n \in \mathbb{N}$. □

Exemplo 1.1.4 (Desigualdade de Bernoulli) *Para todo número real* $x \geqslant -1$ *e todo* $n \in \mathbb{N}$ *tem-se*

$$(1+x)^n \geqslant 1 + nx \tag{1.1.1}$$

Demonstração. Seja $P(n)$ a afirmação dada, i.e., $P(n) : (1+x)^n \geqslant 1 + nx$, $x \geqslant -1$, $\forall n \in \mathbb{N}$.

(**i**) Se $n = 1$, claramente vemos que $P(1)$ vale, já que $1 + x \geqslant 1 + x$, para todo $x \geqslant -1$.

(**ii**) Suponhamos que $P(n)$ é verdadeira, i.e., $(1+x)^n \geqslant 1 + nx$ (hipótese de indução).

(**iii**) Vamos mostrar que $P(n+1)$ é verdadeira sempre que $P(n)$ seja verdadeira.

De fato,

$$
\begin{aligned}
(1+x)^{n+1} &= (1+x)(1+x)^n \geqslant (1+x)(1+nx) \\
&\geqslant 1+nx+x+nx^2 \geqslant 1+(n+1)x.
\end{aligned}
$$

Portanto, $P(n+1)$ é verdadeira. Logo, pelo princípio da indução finita, temos que $P(n)$ vale para todo $n \in \mathbb{N}$, ou seja, a desigualdade de Bernoulli (1.1.1) vale para todo $n \in \mathbb{N}$. $\square$

Exemplo 1.1.5 *Seja $f : \mathbb{N} \times \mathbb{N} \to \mathbb{N}$ tal que $f(x+y) = f(x)f(y)$, para todo $x, y \in \mathbb{N}$. Seja $a = f(1)$. Mostre que*

$$
f(n) = a^n, \quad \forall n \in \mathbb{N}. \tag{1.1.2}
$$

Solução. Seja a afirmação $P(n)$ dada por $P(n) : f(n) = a^n$.

(**i**) Se $n = 1$, claramente vemos que $P(1)$ é verdade, pois $f(1) = a$, por definição.

(**ii**) Suponhamos que, para $n = k$, $P(k)$ é verdadeira (hipótese de indução), isto é, $f(k) = a^k$.

(**iii**) Vamos mostrar que $P(k+1)$ é verdadeira sempre que $P(k)$ seja verdadeira.

De fato, observe que

$$
f(k+1) = f(k)f(1) = a^k a = a^{k+1}.
$$

Portanto, $P(k+1)$ é verdade. Logo, pelo princípio da indução, temos que $P(n)$ vale para todo $n \in \mathbb{N}$, i.e., a equação (1.1.2) vale para todo $n \in \mathbb{N}$. $\square$

Exemplo 1.1.6 *Demonstre que o número $n(n+1)(n+5)$ é um múltiplo de 3 para todo $n \in \mathbb{N}$.*

Solução. Denotemos por $P(n) : n(n+1)(n+5)$ é múltiplo de 3.

(**i**) Se $n = 1$, claramente vemos $P(1)$ é verdade, pois $1 \cdot 2 \cdot 6 = 12 = 3 \cdot 4$.

(**ii**) Suponhamos que, para $n = k$, $P(k)$ é verdade (hipótese de indução).

(**iii**) Vamos mostrar que $P(k+1)$ é verdadeira sempre que $P(k)$ seja verdadeira.

De fato, denotemos por $k(k+1)(k+5) = 3l$, onde $l \in \mathbb{N}$. Agora

$$\begin{aligned}
(k+1)(k+1+1)(k+1+5) &= (k+1)[(k+1)+1][(k+5)+1] \\
&= [k(k+1)+k+k+1+1][(k+5)+1] \\
&= [k(k+1)+2(k+1)][(k+5)+1] \\
&= k(k+1)(k+5)+k(k+1) \\
&\quad +2(k+1)(k+5+1) \\
&= 3l+(k+1)(k+2(k+6)) \\
&= 3l+3(k+1)(k+4) \\
&= 3m,
\end{aligned}$$

onde $m = l+(k+1)(k+4) \in \mathbb{N}$. Portanto, $P(k+1)$ é verdade. Logo, $P(n)$ vale para todo $n \in \mathbb{N}$, ou seja, $n(n+1)(n+5)$ é um múltiplo de 3 para todo $n \in \mathbb{N}$. □

1.2 Exercícios

1. Usando o PBO, mostre que o conjunto $A = \{m \in \mathbb{N} : 7 < m < 8\}$ é vazio.

2. Usando o PBO, mostre que o conjunto $A = \{m \in \mathbb{N} : n < m < n+1\}$ é vazio, onde $n \in \mathbb{N}$.

3. Mostre que $1^2+2^2+3^2+\cdots+n^2 = \frac{n(n+1)(n+2)}{6}$ para todo $n \in \mathbb{N}$.

4. Mostre que $1^3+2^3+3^3+\cdots+n^3 = \dfrac{n^2(n+1)^2}{4}$ para todo $n \in \mathbb{N}$.

5. Mostre que $\frac{1}{1\cdot 2}+\frac{1}{2\cdot 3}+\cdots+\frac{1}{n(n+1)} = \frac{n}{n+1}$ para todo $n \in \mathbb{N}$.

6. Seja $x \in \mathbb{R}$. Mostre que $\underbrace{x+x+\cdots x}_{n-\text{vezes}} = nx$, para todo $n \in \mathbb{N}$.

7. Mostre que $\underbrace{111\cdots 1}_{n1's} = \frac{10^n-1}{9}$ para todo $n \in \mathbb{N}$.

8. Mostre que, para cada $n \in \mathbb{N}$, o número $S_n = \sum\limits_{k=1}^{n} k!$ é ímpar.[4]

[4] $k!$ é o fatorial de n e é dado por $k! = k(k-1)(k-2)\cdots 2\cdot 1$.

9. Mostre que $n < 3^n$ para todo $n \in \mathbb{N}$.

10. Mostre que $n! \leqslant n^n$ para todo $n \in \mathbb{N}$.

11. Mostre que $1^2 + 2^2 + \cdots + n^2 > \frac{n^3}{3}$, $\forall n \in \mathbb{N}$.

12. Mostre que, se $0 < a < b$, então $0 < a^n < b^n$ para todo $n \in \mathbb{N}$.

13. Mostre que, para cada $n \in \mathbb{N}$, o número $8^n - 3^n$ é divisível por 5.

14. Mostre que $8^n + 2 \cdot 7^n - 1$ é divisível por 7 para todo $n \in \mathbb{N}$.

15. Mostre que, para cada $n \in \mathbb{N}$, o número $n^3 + (n+1)^3 + (n+2)^3$ é múltiplo de 3.

1.3 Números reais

O conjunto dos números reais[5] será denotado por $\mathbb{R}$. Neste conjunto estão definidas duas operações binárias,[6] chamadas de adição $(+)$ e multiplicação $(\cdot)$.
A **adição** denotada por a é definida por

$$\begin{aligned} a: \quad \mathbb{R} \times \mathbb{R} \quad &\to \mathbb{R} \\ (x,y) \quad &\to a(x,y) = x + y \,(\text{soma}) \end{aligned}$$

e satisfaz as seguintes propriedades:

(a_1) $x + y = y + x$, $\forall x, y, z \in \mathbb{R}$ (comutatividade).

(a_2) $(x + y) + z = x + (y + z)$, $\forall x, y, z \in \mathbb{R}$ (associatividade).

(a_3) **Existência de elemento neutro da adição**. Existe um elemento em $\mathbb{R}$ denotado por 0 tal que para todo $x \in \mathbb{R}$ tem-se $x + 0 = x$.

(a_4) **Existência de elemento inverso (oposto) da adição**. Para cada $x \in \mathbb{R}$ existe um elemento em $\mathbb{R}$ denotado por $-x$ tal que $x + (-x) = 0$.

[5] A notação $\mathbb{R}$ vem da palavra *real*.

[6] Uma operação binária $\mathbb{R}$ é uma função $f : \mathbb{R} \times \mathbb{R} \to \mathbb{R}$.

A **multiplicação** denotada por m é definida por

$$\begin{aligned} m: \ \mathbb{R}\times\mathbb{R} &\to \mathbb{R} \\ (x,y) &\to m(x,y) = x\cdot y = xy \,(\text{produto}) \end{aligned}$$

e satisfaz as seguintes propriedades:

(m_1) $xy = yx,\ \forall x,y,z \in \mathbb{R}$ (comutatividade).

(m_2) $(xy)z = x(yz),\ \forall x,y,z \in \mathbb{R}$ (associatividade).

(m_3) **Existência de elemento neutro da multiplicação**. Existe um elemento em $\mathbb{R}$ que denotamos por 1, $1 \neq 0$ tal que $x\cdot 1 = x, \forall x \in \mathbb{R}$.

(m_4) **Existência de elemento inverso da multiplicação** Para todo $x \neq 0$ existe $x^{-1} \in \mathbb{R}$ tal que $x\cdot x^{-1} = 1$.

(m_5) $x(y+z) = xy + xz,\ \forall x,y,z \in \mathbb{R}$ (distributividade).

O conjunto dos números reais acrescido das operações binárias de adição e multiplicação $(\mathbb{R},+,\cdot)$ satisfazendo as propriedades acima é dito de *corpo dos números reais*.

Dos axiomas acima, resultam todas as regras familiares de manipulação com os números reais. Por exemplo, da comutatividade segue que $0+x = x$ e $-x+x = 0$, $\forall x \in \mathbb{R}$. Analogamente $1\cdot x = x$ e $x^{-1}\cdot x = 1$ quando $x \neq 0$.

A soma $x+(-y)$ será indicada por $x-y$ e chamada a diferença entre x e y. Se $y \neq 0$, o produto $x\cdot y^{-1}$ será indicado por $\dfrac{x}{y}$ e chamado o quociente de x por y.

As operações $\mathbb{R}\times\mathbb{R} \ni (x,y) \mapsto x-y \in \mathbb{R}$(diferença) e $\mathbb{R}\times(\mathbb{R}\backslash\{0\}) \ni (x,y) \mapsto \dfrac{x}{y} \in \mathbb{R}$(quociente) chamam-se, respectivamente *subtração* e *divisão*.

Evidentemente, a divisão de x por y só faz sentido quando $y \neq 0$, pois o número 0 não possui inverso multiplicativo.

Teorema 1.3.1 *Os elementos neutros aditivo e multiplicativo são únicos.*

Demonstração. Suponhamos que existem 0 e $0'$ em $\mathbb{R}$ tal que

$$x+0 = x, \forall x \in \mathbb{R}$$
$$x+0' = x, \forall x \in \mathbb{R}.$$

Agora, $0' = 0' + 0$, pois 0 é elemento neutro. Por outro lado, $0'$ também é elemento neutro aditivo, assim $0' = 0' + 0 = 0$, logo $0' = 0$.

Suponhamos que existem 1 e $1'$ em $\mathbb{R}$ tal que

$$x \cdot 1 = x, \forall x \in \mathbb{R}$$
$$x \cdot 1' = x, \forall x \in \mathbb{R}.$$

Agora, $1' = 1' \cdot 1$, pois 1 é elemento neutro multiplicativo. Por outro lado, $1'$ também é inverso multiplicativo, assim, $1' = 1' \cdot 1 = 1$, logo $1' = 1$. □

Teorema 1.3.2 *Os elementos oposto e inverso são únicos.*

Demonstração. Suponhamos que:

$$\forall x \in \mathbb{R}, \exists \begin{cases} y \in \mathbb{R} : x + y = 0 \\ y' \in \mathbb{R} : x + y' = 0. \end{cases}$$

Se $x + y' = 0$, então

$$x + y' + y = 0 + y$$
$$0 + y' = y$$
$$y' = y.$$

Suponhamos que:

$$\forall x \in \mathbb{R}, x \neq 0, \exists \begin{cases} y \in \mathbb{R} : xy = 1 \\ y' \in \mathbb{R} : xy' = 1. \end{cases}$$

Se $xy' = 1$, então

$$(xy')y = 1 \cdot y \Leftrightarrow 1 \cdot y' = y \Leftrightarrow y' = y.$$

□

Teorema 1.3.3 $x \cdot 0 = 0$, $\forall x \in \mathbb{R}$.

Demonstração. Seja $x \in \mathbb{R}$. Observe que

$$x \cdot 0 + x = x \cdot 0 + x \cdot 1 = x(0+1) = x \cdot 1 = x.$$

Disto, segue que $x \cdot 0 + x = x$. Somando o oposto de x em ambos os lados desta última igualdade, temos $(x \cdot 0 + x) + (-x) = x + (-x) = 0$. Assim, temos $x \cdot 0 + 0 = 0$ e, portanto, $x \cdot 0 = 0$. □

Teorema 1.3.4 *Para todo* $x \in \mathbb{R}$, *tem-se* $-x = (-1)x$.

Demonstração. Seja $x \in \mathbb{R}$. Observe que

$$x + (-1)x = [1 + (-1)]x = 0x = 0.$$

Disto, segue que $x + (-1)x = 0$. Logo, pela unicidade do elemento oposto de x, segue que $(-1)x = -x$. □

Corolário 1.3.5 *Se* $x, y \in \mathbb{R}$, *então* $x(-y) = (-x)y = -(xy)$.

Demonstração. Sejam $x, y \in \mathbb{R}$. Observe que

$$\begin{aligned} x(-y) &= x((-1)y) = x(-1)y = ((-1)x)y = (-x)y \\ &= ((-1)x)y = (-1)(xy) = -(xy). \end{aligned}$$

□

Teorema 1.3.6 *Para todo número real* x *tem-se* $-(-x) = x$.

Demonstração. Sabemos que o oposto de x é $-x$ e satisfaz $x + (-x) = 0$. Agora, de $(-x) + x = 0$, segue que x é o oposto de $-x$, ou seja $x = -(-x)$. □

Teorema 1.3.7 *Se* $x, y \in \mathbb{R}$, *então* $(-x)(-y) = xy$.

Demonstração. De fato, observe que do Corolário 1.3.5 segue que

$$(-x)(-y) = -(x(-y)) = -(-(xy)) = xy,$$

onde na última igualdade usamos o Teorema 1.3.6. □

Teorema 1.3.8 *Se $0 \neq x \in \mathbb{R}$, então $(x^{-1})^{-1} = x$.*

Demonstração. Sabemos que o inverso multiplicativo de x satisfaz

$$x \cdot x^{-1} = x^{-1} \cdot x = 1.$$

De $x^{-1} \cdot x = 1$ e do fato de o inverso multiplicativo ser único, segue que $x = (x^{-1})^{-1}$.

□

Teorema 1.3.9 *Sejam $x, y \in \mathbb{R}$. Então $xy = 0$ se, e somente se, $x = 0$ ou $y = 0$.*

Demonstração. $\Rightarrow]$ De fato, suponhamos que $y \neq 0$. Logo existe $y^{-1} \in \mathbb{R}$ tal que $y \cdot y^{-1} = y^{-1} \cdot y = 1$. Agora, de $xy = 0$ temos

$$\begin{aligned}(xy)y^{-1} &= 0y^{-1}\\ x(yy^{-1}) &= 0\\ x \cdot 1 &= 0\\ x &= 0.\end{aligned}$$

Analogamente, assumindo que $x \neq 0$, obtém-se $y = 0$. Portanto, se $xy = 0$, temos $x = 0$ ou $y = 0$.

$\Leftarrow]$ Se $x = 0$, então $xy = 0 \cdot y = 0$ ou, se $y = 0$, então $xy = x \cdot 0 = 0$. □

Exemplo 1.3.10 *Resolver a equação $x^2 - 6x - 7 = 0$.*

Solução. Fatorando a expressão quadrática $x^2 - 6x - 7$ obtemos

$$x^2 - 6x - 7 = (x+1)(x-7)$$

Assim,

$$\begin{aligned}x^2 - 6x - 7 = 0 &\Leftrightarrow (x+1)(x-7) = 0\\ &\Leftrightarrow x+1 = 0 \text{ ou } x-7 = 0\\ &\Leftrightarrow x = -1 \text{ ou } x = 7.\end{aligned}$$

□

Exemplo 1.3.11 *Se $x^2 = y^2$, então $x = \pm y$.*

Solução. De fato, somando e subtraindo xy na hipótese, temos

$$0 = x^2 - y^2 = x^2 - xy + xy - y^2$$

$$0 = x(x-y) + y(x-y)$$

$$0 = (x+y)(x-y)$$

Logo, do Teorema 1.3.9 segue que $x+y=0$ ou $x-y=0$, ou seja, $x=y$ ou $x=-y$. □

Exemplo 1.3.12 *Resolver a equação $x^2 + 8x - 9 = 0$.*

Solução. Para resolver a equação vamos completar quadrados. De fato,

$$\begin{aligned}
x^2 + 8x - 9 = 0 &\Leftrightarrow x^2 + 8x + 4^2 = 9 + 4^2 \\
&\Leftrightarrow (x+4)^2 = 25 \\
&\Leftrightarrow (x+4)^2 - 5^2 = 0 \\
&\Leftrightarrow (x+4-5)(x+4+5) = 0 \\
&\Leftrightarrow (x-1)(x+9) = 0 \\
&\Leftrightarrow x = 1 \text{ ou } x = -9.
\end{aligned}$$

□

Teorema 1.3.13 (Cancelamento para a adição) *Se $x+y = z+y$, para todo $x,y,z \in \mathbb{R}$, então $x = z$.*

Demonstração. Observe que se

$$x + y = z + y$$

$$x + y + (-y) = z + y + (-y)$$

$$x + 0 = z + 0$$

$$x = z.$$

□

Teorema 1.3.14 (Cancelamento para a multiplicação) *Sejam* $x, y, z \in \mathbb{R}$. *Se* $xz = yz$ *e* $z \neq 0$, *então* $x = y$.

Demonstração. Se $x = 0$, então $xz = 0$. Logo, $yz = 0$. Daí, $y = 0$, já que $z \neq 0$. Portanto, $x = 0 = y$.

Se $x \neq 0$, então $xz \neq 0$, já que $z \neq 0$. Logo, $yz \neq 0$. Por outro lado, como $z \neq 0$, existe $z^{-1} \neq 0$. Daí,

$$\begin{aligned} xz = yz &\Rightarrow (xz)z^{-1} = (yz)z^{-1} \Rightarrow x(zz^{-1}) = y(zz^{-1}) \\ &\Rightarrow x \cdot 1 = y \cdot 1 \Rightarrow x = y. \end{aligned}$$

□

Exemplo 1.3.15 *Sejam* $x, y \in \mathbb{R}$. *Mostre que* $-x - y = -(x+y)$.

Solução. Denotemos por $z = x + y$. Assim,

$$\begin{aligned} z + (-x-y) &= x + y + (-x-y) \\ &= x + y + (-x) + (-y) \\ &= x + (-x) + y + (-y) \\ &= 0 + 0 = 0 \end{aligned}$$

e, como o inverso aditivo de z é único, segue que $-x - y = -(x+y)$. □

Exemplo 1.3.16 *Sejam* $x, y \in \mathbb{R}$. *Se* $xy \neq 0$, *então mostre que*

$$(xy)^{-1} = x^{-1}y^{-1} = y^{-1}x^{-1}.$$

Solução. Denotemos por $z = xy$. Assim,

$$\begin{aligned} z(x^{-1}y^{-1}) &= (xy)x^{-1}y^{-1} = y(xx^{-1})y^{-1} \\ &= (yy^{-1})(xx^{-1}) = 1 \cdot 1 = 1 \end{aligned}$$

e, como o inverso aditivo de z é único, segue que $z^{-1} = x^{-1}y^{-1}$, isto é, $(xy)^{-1} = x^{-1}y^{-1}$. □

Método de completar quadrados[7]

É um *procedimento prático* de transformar uma expressão quadrática geral $ax^2 + bx + c$, onde $a, b, c \in \mathbb{R}$ com $a \neq 0$, na forma

$$ax^2 + bx + c = a(x \pm h)^2 \pm k,$$

onde $h, k \in \mathbb{R}$.

Vejamos os seguintes casos:

Caso 1. $a = 1$.

Neste caso, temos a expressão quadrática particular $x^2 \pm bx + c$ e fazemos:

$$\begin{aligned} x^2 \pm bx + c &= x^2 \pm bx + \left(\tfrac{b}{2}\right)^2 - \left(\tfrac{b}{2}\right)^2 + c \\ &= \left(x \pm \tfrac{b}{2}\right)^2 - \left(\tfrac{b}{2}\right)^2 + c. \end{aligned}$$

Caso 2. $a \neq 1$.

Neste caso, temos a expressão quadrática geral $ax^2 \pm bx + c$ e fazemos:

$$\begin{aligned} ax^2 \pm bx + c &= a\left[x^2 \pm \tfrac{b}{a}x\right] + c \\ &= a\left[x^2 \pm \tfrac{b}{a}x + \left(\tfrac{b}{2a}\right)^2 - \left(\tfrac{b}{2a}\right)^2\right] + c \\ &= a\left[\left(x \pm \tfrac{b}{2a}\right)^2 - \left(\tfrac{b}{2a}\right)^2\right] + c. \end{aligned}$$

Exemplo 1.3.17 *Complete quadrados na expressão quadrática* $x^2 + 4x + 8$.

Solução. Como o coeficiente a de x^2 na expressão quadrática é 1, então estamos no **Caso 1**. Observe que $b = 4$ e $c = 8$, assim $b/2 = 2$. Logo

$$\begin{aligned} x^2 + 4x + 8 &= \left(x + \tfrac{b}{2}\right)^2 - \left(\tfrac{b}{2}\right)^2 + c \\ &= (x+2)^2 - 2^2 + 8 \\ &= (x+2)^2 + 4. \end{aligned}$$

□

[7] Usando esse método obtemos a conhecida fórmula de Bhaskara, $x = \frac{-b \pm \sqrt{b^2 - 4ac}}{2a}$, que são as raízes da equação $ax^2 + bx + c = 0$.

Exemplo 1.3.18 *Complete quadrados na expressão quadrática* $x^2 - 6x - 7$.

Solução. Como o coeficiente a de x^2 na expressão quadrática é 1, então estamos no **Caso 1**. Neste caso, temos $b = -6$ e $c = -7$, assim $b/2 = 3$. Logo

$$\begin{aligned} x^2 - 6x - 7 &= \left(x - \tfrac{b}{2}\right)^2 - \left(\tfrac{b}{2}\right)^2 + c \\ &= (x-3)^2 - 3^2 - 7 \\ &= (x-3)^2 - 16. \end{aligned}$$

□

Exemplo 1.3.19 *Complete quadrados na expressão quadrática* $3x^2 + 4x - 1$.

Solução. Como o coeficiente a de x^2 na expressão quadrática é $a = 3$, então estamos no **Caso 2**. Observe que $b = 4$ e $c = -1$. Assim $b/2a = 4/6 = 2/3$. Logo,

$$\begin{aligned} 3x^2 + 4x - 1 &= 3\left(x^2 + \tfrac{4}{3}x\right) - 1 = 3\left[\left(x + \tfrac{2}{3}\right)^2 - \left(\tfrac{2}{3}\right)^2\right] - 1 \\ &= 3\left(x + \tfrac{2}{3}\right)^2 - \tfrac{4}{3} - 1 = 3\left(x + \tfrac{2}{3}\right)^2 - \tfrac{7}{3}. \end{aligned}$$

□

Exemplo 1.3.20 *Completar quadrados na expressão quadrática* $3x^2 - 17x + 20$.

Solução. Como o coeficiente a de x^2 na expressão quadrática é $a = 3$, então estamos no **Caso 2**. Observe que $b = -17$ e $c = 20$, assim $b/2a = 17/6$. Logo,

$$\begin{aligned} 3x^2 - 17x + 20 &= 3\left(x^2 - \tfrac{17}{3}x\right) + 20 \\ &= 3\left[\left(x - \tfrac{17}{6}\right)^2 - \left(\tfrac{17}{6}\right)^2\right] + 20 \\ &= 3\left(x - \tfrac{17}{6}\right)^2 - 3\left(\tfrac{17}{6}\right)^2 + 20 \\ &= 3\left(x - \tfrac{17}{6}\right)^2 - \tfrac{289}{12} + 20 \\ &= 3\left(x - \tfrac{17}{6}\right)^2 - \tfrac{49}{12}. \end{aligned}$$

□

1.4 Exercícios

1. Mostre que $1^{-1} = 1$.

2. Se $0 \neq x \in \mathbb{R}$, então mostre que $x^{-1} \neq 0$.

3. Sejam $x, y, z \in \mathbb{R}$. Se $x = y$, então mostre que $x + z = y + z$.

4. Se $x \in \mathbb{R}$, então mostre que $x + x = 2x$.

5. Seja $x \in \mathbb{R}$. Se $x^2 = 0$, então mostre que $x = 0$.

6. Sejam $x, y, z \in \mathbb{R}$. Mostre que $x(y - z) = xy - xz$.

7. Sejam $x, y \in \mathbb{R}$. Mostre que $(x + y)(x - y) = x^2 - y^2$.

8. Sejam $x, y \in \mathbb{R}$ com $x \neq 0 \neq y$. Mostre que $\left(\frac{x}{y}\right)^{-1} = \frac{y}{x}$.

9. Se $y \neq 0$ e $w \neq 0$, então $\frac{x}{y} = \frac{z}{w} \Leftrightarrow xw = yz$.

10. Se $y \neq 0$ e $w \neq 0$, então $\frac{x}{y} + \frac{z}{w} = \frac{xw + zy}{yw}$.

11. Sejam $x, y, z, w \in \mathbb{R}$. Mostre que $\frac{\frac{x}{y}}{\frac{z}{w}} = \frac{xw}{yz}$ se $yz \neq 0$.

12. Sejam $x, y \in \mathbb{R}$. Mostre que $\frac{x}{(-y)} = \frac{(-x)}{y} = -\left(\frac{x}{y}\right)$, se $y \neq 0$.

13. Sejam $a, b, x \in \mathbb{R}$ com $a \neq 0$. Então $ax + b = 0 \Leftrightarrow x = (-b)a^{-1} = \frac{-b}{a}$.

14. Resolva as seguintes equações usando o método de completar quadrados:

    (a) $x^2 + 2x - 4 = 0$ (b) $x^2 + 5x - 5 = 0$
    (c) $x^3 + x^2 - 2x = 0$ (d) $x^3 - x^2 - 2x = 0$.

15. Resolva as seguintes equações usando o método de completar quadrados:

    (a) $3x^2 - 6x - 9 = 0$ (b) $2x^2 - 6x - 1 = 0$
    (c) $x^3 + 2x^2 - 3x = 0$ (d) $3x^3 + x^2 - 10x = 0$

Capítulo 2

Os números reais: propriedades de ordem

Em $\mathbb{R}$ existe um subconjunto, o qual denotaremos por $\mathbb{R}^+ \subset \mathbb{R}$, chamado conjunto dos números reais positivos, que satizfaz as seguintes propriedades:

($\mathbf{P}_1$) Para todo $x, y \in \mathbb{R}^+$ tem-se $x + y \in \mathbb{R}^+$ e $x \cdot y \in \mathbb{R}^+$.

($\mathbf{P}_2$) Dado $x \in \mathbb{R}$, somente uma das três alternativas ocorre: ou $x = 0$, ou $x \in \mathbb{R}^+$ ou $-x \in \mathbb{R}^+$.

Denotando por $\mathbb{R}^- = \{-x \in \mathbb{R} : x \in \mathbb{R}^+\}$, a condição ($\mathbf{P}_2$) diz que

$$\mathbb{R} = \mathbb{R}^+ \cup \{0\} \cup \mathbb{R}^-$$

e os conjuntos $\mathbb{R}^+$, $\{0\}$ e $\mathbb{R}^-$ são dois a dois disjuntos (pois $\mathbb{R}^+ \cap \{0\} = \mathbb{R}^- \cap \{0\} = \varnothing$.

Os números $y \in \mathbb{R}^-$ chamam-se negativos.

Teorema 2.0.1 *Para todo* $0 \neq x \in \mathbb{R}$ *tem-se* $x^2 \in \mathbb{R}^+$.

Demonstração. De fato, se $x \in \mathbb{R}^+$ então $x \cdot x = x^2 \in \mathbb{R}^+$.

Se $x \in \mathbb{R}^-$ então, $-x \in \mathbb{R}^+$, logo $x^2 = (-x)(-x) \in \mathbb{R}^+$. Em particular $1 \in \mathbb{R}^+$ pois $1 = 1 \cdot 1 = 1^2$. □

2.1 Relação de ordem

Definição 2.1.1 *Dizemos que x* **é menor do que** *y e denotamos por $x < y$ quando $y - x \in \mathbb{R}^+$, isto é, $y = x + z$ onde $z \in \mathbb{R}^+$. Neste caso também escreve-se $y > x$ e diz-se que y* **é maior do que** *x.*

Em particular, $x > 0$ significa que $x \in \mathbb{R}^+$, isto é, x é positivo; enquanto $x < 0$ quer dizer que x é negativo, ou seja, $-x \in \mathbb{R}^+$.

Teorema 2.1.2 *Sejam $x, y \in \mathbb{R}$. A relação $x < y$ define em $\mathbb{R}$ uma relação de ordem que satisfaz as seguintes propriedades:*

($\mathbf{O_1}$) *Se $x < y$ e $y < z$, então $x < z$* (transitividade).

($\mathbf{O_2}$) *Dados $x, y \in \mathbb{R}$, somente uma das seguintes alternativas acontece; $x = y$, $x < y$ ou $y < x$* (tricotomia).

($\mathbf{O_3}$) *Se $x < y$, então para todo $z \in \mathbb{R}$ tem-se $x + z < y + z$* (monotonicidade da adição).

($\mathbf{O_4}$) *Se $x < y$, então para todo $z > 0$ tem-se $xz < yz$. Se, porém, $z < 0$, então $x < y$ implica que $yx < xz$* (monotonicidade da multiplicação).

Demonstração. ($\mathbf{O_1}$). Se $x < y$, então $y - x \in \mathbb{R}^+$. Se $y < z$, então $z - y \in \mathbb{R}^+$. Logo, $z - x = (y - x) + (z - y) \in \mathbb{R}^+$. Disso segue que $x < z$.
($\mathbf{O_2}$). Dados $x, y \in \mathbb{R}$, ou $y - x \in \mathbb{R}^+$ ou $y - x = 0$ ou $y - x \in \mathbb{R}^-$. No primeiro caso tem-se $x < y$, no segundo caso $x = y$ e no terceiro $y < x$. Essas alternativas se excluem mutuamente por (**P**2).
($\mathbf{O_3}$). Se $x < y$, então $y - x \in \mathbb{R}^+$. Daí

$$y - x + z - z = y - x \Leftrightarrow y + z - (x + z) = y - x \in \mathbb{R}^+ \Leftrightarrow x + z < y + z.$$

($\mathbf{O_4}$) Se $x < y$ e $z > 0$, tem-se $y - x \in \mathbb{R}^+$ e $z \in \mathbb{R}^+$. Logo $yz - xz = (y - x)z \in \mathbb{R}^+$. Daí $xz < yz$.

Se $x < y$ e $z < 0$, tem-se $y - x \in \mathbb{R}^+$ e $-z \in \mathbb{R}^+$. Logo

$$\mathbb{R}^+ \ni (y - x)(-z) = y(-z) - x(-z)(y - x)(-z) = -yz + xz \Leftrightarrow yz < xz.$$

□

Teorema 2.1.3 *Sejam* $x, y, x', y' \in \mathbb{R}$.
(**i**) *Se* $x < y$ *e* $x' < y'$, *então* $x + x' < y + y'$.
(**ii**) *Se* $0 < x < y$ *e* $0 < x' < y'$, *então* $xx' < yy'$.
(**iii**) *Se* $0 < x < y$, *então* $y^{-1} < x^{-1}$.

Demonstração. (**i**) Se $x < y$, então $y - x \in \mathbb{R}^+$ e, se $x' < y'$, então $y' - x' \in \mathbb{R}^+$. Logo $y + y' - (x + x') = y - x + y' - x' \in \mathbb{R}^+$. Daí $x + x' < y + y'$.
(**ii**) Observe que $y - x \in \mathbb{R}^+$ e $y' - x' \in \mathbb{R}^+$. Daí,

$$\begin{aligned} yy' - xx' &= yy' - yx' + xy' - xx' \\ &= y(y' - x') + x'(y - x) \in \mathbb{R}^+ \end{aligned}$$

Portanto, $xx' < yy'$.
(**iii**) Sendo $x > 0$, temos que existe x^{-1} e $x^{-1} = 1 \cdot x^{-1} = (xx^{-1})x^{-1} = x(x^{-1})^2 > 0$. Analogamente, tem-se que $y^{-1} > 0$. Logo, $(x^{-1}y^{-1})x < y(x^{-1}y^{-1})$ e daí $y^{-1} < x^{-1}$.

□

Exemplo 2.1.4 *Se* $0 < |x - 1| < \delta$ *e* $0 < |x + 1| < 3$, *então mostre que* $|x^2 - 1| < 3\delta$.

Solução. Aplicando o item (**ii**) do Teorema 2.1.3, obtemos

$$\begin{aligned} 0 < |x - 1| < \delta \wedge 0 < |x + 1| < 3 &\Rightarrow |x - 1||x + 1| < 3\delta \\ &\Rightarrow |x^2 - 1| < 3\delta. \end{aligned}$$

□

Exemplo 2.1.5 *Se* $1 < x < 2$ *e* $3 < x + 2 < 5$, *então* $3 < x^2 + 3x < 10$.

Solução. Aplicando o item (**ii**) do Teorema 2.1.3, obtemos

$$\begin{aligned} 1 < x < 2 \ \wedge \ 3 < x + 2 < 5 &\Rightarrow 1 \cdot 3 < x(x + 2) < 2 \cdot 5 \\ &\Rightarrow 3 < x^2 + 2x < 10. \end{aligned}$$

□

O símbolo $\wedge$ usado na solução do Exemplo 2.1.5 é um conectivo lógico que conecta duas proposições P e Q da seguinte forma: $P \wedge Q$ e leia-se: P e Q.

Observação 2.1.6 *O que vale para a multiplicação no item* (**ii**) *no Teorema* 2.1.3 *não vale para a divisão, i.e., se* $0 < x < y \ \wedge \ 0 < x' < y' \nRightarrow \frac{x}{x'} < \frac{y}{y'}$.

De fato, basta considerar

$$5 < 8 \ \wedge \ 1 < 2 \Rightarrow \tfrac{5}{1} < \tfrac{8}{2} \Leftrightarrow 5 < 4 \,(\text{absurdo}).$$

No entanto, se $0 < x' < y'$, *então* $0 < \frac{1}{y'} < \frac{1}{x'}$. *Agora, usando o item* (**ii**) *do Teorema* 2.1.3, *temos* $x \cdot \frac{1}{y'} < y \cdot \frac{1}{x'}$, *i.e.,* $\frac{x}{y'} < \frac{y}{x'}$.

Como $1 \in \mathbb{R}$ é positivo, segue que $1 < 1+1 < 1+1+1 < \cdots$ e daí $\mathbb{N} \subset \mathbb{R}$.

Também $\mathbb{Z} \subset \mathbb{R}$, pois $0 \in \mathbb{R}$ e, se $n \in \mathbb{R}$, então $-n \in \mathbb{R}$.

Além disso, se $m, n \in \mathbb{Z}$ com $n \neq 0$, então $\dfrac{m}{n} = m \cdot n^{-1} \in \mathbb{R}$, o que nos permite concluir que

$$\mathbb{N} \subset \mathbb{Z} \subset \mathbb{Q} \subset \mathbb{R},$$

onde as inclusões são próprias.

Observação 2.1.7 *A notação* $x \leqslant y$ *significa que* $x < y$ *ou* $x = y$ *e lê-se* x **é menor o igual a** y.

Para quaisquer $a, b \in \mathbb{R}$ com $a \leqslant b$ definimos os intervalos abertos

$$\begin{aligned} (-\infty, b) &= \{x \in \mathbb{R} : x < b\} \\ (a, b) &= \{x \in \mathbb{R} : a < x < b\} \\ (a, +\infty) &= \{x \in \mathbb{R} : x > a\}, \end{aligned}$$

os intervalos fechados

$$\begin{aligned} (-\infty, b] &= \{x \in \mathbb{R} : x \leqslant b\} \\ [a, b] &= \{x \in \mathbb{R} : a \leqslant x \leqslant b\} \\ [a, +\infty) &= \{x \in \mathbb{R} : x \geqslant a\}, \end{aligned}$$

e os intervalos semiabertos

$$\begin{aligned} (a, b] &= \{x \in \mathbb{R} : a < x \leqslant b\} \\ [a, b) &= \{x \in \mathbb{R} : a \leqslant x < b\}. \end{aligned}$$

Teorema 2.1.8 *Sejam* $x, y \in \mathbb{R}$.

(**i**) x *e* y *têm o mesmo sinal* $\Rightarrow xy > 0$.

(**ii**) x *e* y *têm sinais opostos* $\Rightarrow xy < 0$.

Demonstração. (**i**) x e y têm o mesmo sinal significa: $[x > 0 \wedge y > 0] \vee [x < 0 \wedge y < 0]$.

Se $x > 0 \wedge y > 0 \Rightarrow xy > x \cdot 0 = 0 \Rightarrow xy > 0$.

Se $x < 0 \wedge y < 0 \Rightarrow xy > x \cdot 0 = 0 \Rightarrow xy > 0$.

(**ii**) x e y têm sinais opostos significa: $[x > 0 \wedge y < 0] \vee [x < 0 \wedge y > 0]$.

Se $x > 0 \wedge y < 0 \Rightarrow xy < x \cdot 0 = 0 \Rightarrow xy < 0$.

Se $x < 0 \wedge y > 0 \Rightarrow xy < x \cdot 0 = 0 \Rightarrow xy < 0$. □

Teorema 2.1.9 *Sejam* $x, y \in \mathbb{R}$, *então*

(**i**) $xy > 0 \Rightarrow x$ *e* y *têm o mesmo sinal.*

(**ii**) $xy < 0 \Rightarrow x$ *e* y *têm sinais opostos.*

Demonstração. (**i**) Suponhamos que x e y têm sinais opostos, então $xy < 0$. Absurdo, pois isso contradiz nossa hipótese.

(**ii**) Suponhamos que x e y têm o mesmo sinal, então $xy > 0$. Absurdo, pois isso contradiz nossa hipótese.

Do Teorema 2.1.8 e do Teorema 2.1.9 temos a regra dos sinais.

Regra dos sinais I.

(**i**) $xy > 0 \Leftrightarrow x$ e y têm o mesmo sinal.

(**ii**) $xy < 0 \Leftrightarrow x$ e y têm sinais opostos.

Exemplo 2.1.10 *Se* $0 \neq x \in \mathbb{R}$, *então mostre que* x^{-1} *e* x *têm o mesmo sinal.*

Solução. Como $1 = 1 \cdot 1 = 1^2 > 0$ e $x \cdot x^{-1} = 1 > 0$. Então, do item (**i**) do Teorema 2.1.9, segue que x e x^{-1} têm o mesmo sinal. □

Exemplo 2.1.11 *Resolver a inequação* $x^2 - 5x + 6 > 0$.

Solução. Para resolver essa inequação vamos usar a regra dos sinais

$$
\begin{aligned}
x^2-5x+6>0 &\Leftrightarrow (x-2)(x-3)>0\\
&\Leftrightarrow \Big[x-2>0 \wedge x-3>0\Big] \vee \Big[x-2<0 \wedge x-3<0\Big]\\
&\Leftrightarrow \Big[x>2 \wedge x>3\Big] \vee \Big[x<2 \wedge x<3\Big]\\
&\Leftrightarrow x\in \Big[(2,+\infty)\cap(3,+\infty)\Big] \cup \Big[(-\infty,2)\cap(-\infty,3)\Big]\\
&\Leftrightarrow x\in (3,+\infty)\cup(-\infty,2)\\
&\Leftrightarrow x\in (-\infty,2)\cup(3,+\infty).
\end{aligned}
$$

□

O símbolo $\vee$ usado na solução do Exemplo 2.1.11 é um conectivo lógico que conecta duas proposições P e Q da seguinte forma: $P \vee Q$ e leia-se: P ou Q.

Exemplo 2.1.12 *Resolver a inequação* $x^2+2x-3<0$

Solução. Para resolver essa inequação vamos usar a regra dos sinais

$$
\begin{aligned}
x^2+2x-3<0 &\Leftrightarrow (x-1)(x+3)<0\\
&\Leftrightarrow \Big[x-1>0 \wedge x+3<0\Big] \vee \Big[x-1<0 \wedge x+3>0\Big]\\
&\Leftrightarrow \Big[x>1 \wedge x<-3\Big] \vee \Big[x<1 \wedge x>-3\Big]\\
&\Leftrightarrow x\in \varnothing \cup (-3,1)\\
&\Leftrightarrow x\in (-3,1).
\end{aligned}
$$

Da regra dos sinais I temos a regra dos sinais para o quociente

Regra dos sinais II.

(i) $\frac{x}{y}>0 \Leftrightarrow x$ e y têm o mesmo sinal.

(ii) $\frac{x}{y}<0 \Leftrightarrow x$ e y têm sinais diferentes.

Exemplo 2.1.13 *Se x e y têm o mesmo sinal, então $x<y$ implica $x^{-1}>y^{-1}$.*

Solução. Se x e y têm o mesmo sinal, então $xy > 0$ e daí $(xy)^{-1} > 0$ (pelo Exemplo 2.1.10). Logo, $x^{-1}y^{-1} > 0$ e, como $x < y$, segue que

$$\begin{aligned}(x^{-1}y^{-1})x < (x^{-1}y^{-1})y &\Rightarrow y^{-1}(x^{-1}x) < x^{-1}(y^{-1}y)\\ &\Rightarrow y^{-1}\cdot 1 < x^{-1}\cdot 1\\ &\Rightarrow y^{-1} < x^{-1}.\end{aligned}$$

□

Observação 2.1.14 *Se x e y têm sinais diferentes, então a conclusão do Exemplo* 2.1.13 *não vale. Por exemplo, $-2 < \frac{1}{5}$ não implica que $(-2)^{-1} = -\frac{1}{2} > (\frac{1}{5})^{-1} = 5$.*

Em símbolos: $-2 < \frac{1}{5} \not\Rightarrow (-2)^{-1} > (\frac{1}{5})^{-1}$.

Exemplo 2.1.15 *Resolver a inequação $\frac{x+7}{x^2+7} > 0$.*

Solução. Aplicando diretamente a regra dos sinais II, $x+7$ e x^2+7 têm que ter o mesmo sinal. Como $x^2+7 > 0$ para todo $x \in \mathbb{R}$, segue que $x+7 > 0$, i.e., $x > -7$, e, equivalentemente, $x \in (-7, +\infty)$. □

Exemplo 2.1.16 *Resolver a inequação*

$$\frac{x+2}{x-2} < 1$$

Solução. Resolvendo a inequação temos

$$\frac{x+2}{x-2} - 1 < 0 \Leftrightarrow \frac{x+2-(x-2)}{x-2} \Leftrightarrow \frac{4}{x-2} < 0.$$

Aplicando diretamente a regra dos sinais II, 4 e $x-2$ têm que ter sinais diferentes. Como $4 > 0$, segue que $x-2 < 0$. Logo $x < 2$, i.e., $x \in (-\infty, 2)$. □

Teorema 2.1.17 *Se $a \geqslant 0$ e $b \geqslant 0$, então $a^2 > b^2$ se, e somente se, $a > b$.*

Demonstração. Em símbolos o teorema nos diz:

$$\text{Se } a \geqslant 0 \wedge b \geqslant 0 \Rightarrow [a^2 > b^2 \Leftrightarrow a > b].$$

$\Leftarrow]$ Se $[a > b \ \wedge \ a \geqslant 0 \ \wedge \ b \geqslant 0] \Rightarrow a^2 > b^2$.

Se $a > b$ e $b \geqslant 0$, então

(**i**) Se $b = 0 \Rightarrow a > 0 \Rightarrow a^2 > 0 \Rightarrow a^2 > b^2 = 0$.

(**ii**) Se $b > 0 \Rightarrow a > 0$ (transitividade). Logo, $a \cdot a > b \cdot a$, i.e., $a^2 > ab$. Também, $a \cdot b > b \cdot b$, i.e., $ab > b^2$. Portanto, por transitividade, segue que $a^2 > b^2$.

$\Rightarrow]$ Se $[a^2 > b^2 \ \wedge \ a \geqslant 0 \ \wedge \ b \geqslant 0] \Rightarrow a > b$.

(**i**) Se $b = 0 \ \wedge \ a^2 > b^2 \Rightarrow a^2 > 0 \Rightarrow a \neq 0$ e, como $a \geqslant 0$, segue que $a > 0 = b$.

(**ii**) Se $b > 0 \ \wedge a^2 > b^2 \Rightarrow a^2 > b^2 > 0$. Logo, $a^2 > 0$, segue $a > 0$. Assim,

$$\begin{aligned} a^2 - b^2 > 0 &\Rightarrow (a-b)(a+b) > 0 \\ &\Rightarrow a - b \text{ e } a + b \text{ tem o mesmo sinal.} \end{aligned}$$

Como $a + b > 0$, segue que $a - b > 0$, i.e., $a > b$. □

Exemplo 2.1.18 *Se* $9 < x < 16$, *então mostre que* $3 < \sqrt{x} < 4$.

Solução. Fazendo $a = 3$ e $b = 4$, a hipótese do Teorema 2.1.17 está satisfeita. Logo,

$$\begin{aligned} 9 < x < 16 &\Rightarrow 3^2 < (\sqrt{x})^2 < 4^2 \\ &\Leftrightarrow 3 < \sqrt{x} < 4. \end{aligned}$$

□

Teorema 2.1.19 *Se* $b \geqslant 0$, *então* $a^2 > b$ *se, e somente se,* $a > \sqrt{b}$ *ou* $a < -\sqrt{b}$.

Demonstração. Em símbolos o teorema nos diz:

$$\text{Se } b \geqslant 0 \Rightarrow [a^2 > b \Leftrightarrow a > \sqrt{b} \ \vee \ a < -\sqrt{b}].$$

$\Rightarrow]$ Da hipótese sabemos que $b \geqslant 0$ e $a^2 > b$, mas não sabemos do sinal de a.

(**i**) Se $a \geqslant 0$, então

$$a^2 > b = (\sqrt{b})^2 \Leftrightarrow a > \sqrt{b} \text{ (pelo Teorema 2.1.17)}.$$

(**ii**) Se $a < 0$, então $-a > 0$, logo de

$$\begin{aligned} a^2 = (-a)^2 > b = (\sqrt{b})^2 &\Leftrightarrow -a > \sqrt{b} \text{ (pelo Teorema 2.1.17)} \\ &\Leftrightarrow a < -\sqrt{b}. \end{aligned}$$

De (**i**) e (**ii**) temos

$$\text{Se } b \geqslant 0 \wedge a^2 > b \Rightarrow [a > \sqrt{b} \vee a < -\sqrt{b}].$$

$\Leftarrow$] Se $b \geqslant 0$ e $[a > \sqrt{b} \vee a < -\sqrt{b}]$, então $a^2 > b$.

(**i**) Se $b \geqslant 0$ e $a > \sqrt{b}$, segue que $a \geqslant 0$. Do Teorema 2.1.17 segue que

$$a > \sqrt{b} \Leftrightarrow a^2 > (\sqrt{b})^2 = b.$$

(**ii**) Se $b \geqslant 0$ e $a < -\sqrt{b}$, segue que $a \leqslant 0$. Logo, $-a \geqslant 0$. Do Teorema 2.1.17 segue que

$$-a > \sqrt{b} \Leftrightarrow a^2 = (-a)^2 > (\sqrt{b})^2 = b.$$

□

Exemplo 2.1.20 *Resolver a inequação* $x^2 + x - 2 > 0$.

Solução. Resolvendo a inequação temos

$$\begin{aligned}
x^2 + x - 2 > 0 &\Leftrightarrow x^2 + x + \tfrac{1}{4} - \tfrac{1}{4} - 2 > 0 \\
&\Leftrightarrow (x + \tfrac{1}{2})^2 - \tfrac{9}{4} > 0 \\
&\Leftrightarrow (x + \tfrac{1}{2})^2 > \tfrac{9}{4} \\
&\Leftrightarrow x + \tfrac{1}{2} > \sqrt{\tfrac{9}{4}} \vee x + \frac{1}{2} < -\sqrt{\tfrac{9}{4}} \text{ (pelo Teorema 2.1.19)} \\
&\Leftrightarrow x > \tfrac{3}{2} - \tfrac{1}{2} = 1 \vee x < -\tfrac{3}{4} - \tfrac{1}{2} = -2 \\
&\Leftrightarrow x > 1 \vee x < -2 \\
&\Leftrightarrow x \in (-\infty, -2) \cup (1, +\infty).
\end{aligned}$$

□

Teorema 2.1.21 *Se* $b > 0$*, então* $a^2 < b$*, se e somente se* $-\sqrt{b} < a < \sqrt{b}$.

Demonstração. Em símbolos o teorema nos diz:

$$\text{Se } b > 0 \Rightarrow [a^2 < b \Leftrightarrow -\sqrt{b} < a < -\sqrt{b}].$$

Da hipótese, sabemos que $b > 0$ e $a^2 < b$, mas não sabemos o sinal de a.

(**i**) Se $a \geqslant 0$ e $b > 0$, então $a + \sqrt{b} > 0$. De $a^2 < b = (\sqrt{b})^2$ obtemos

$$a^2 - (\sqrt{b})^2 = (a - \sqrt{b})(a + \sqrt{b}) < 0.$$

Assim, $a + \sqrt{b}$ e $a - \sqrt{b}$ têm sinais distintos. Como $a + \sqrt{b}$, segue que $a - \sqrt{b} < 0$. Portanto,

$$\begin{aligned} a - \sqrt{b} < 0 \ \wedge a + \sqrt{b} > 0 &\Leftrightarrow a < \sqrt{b} \wedge a > -\sqrt{b} \\ &\Leftrightarrow -\sqrt{b} < a < \sqrt{b}. \end{aligned}$$

(**ii**) Se $a < 0$ e $b > 0$, então $-a > 0$ e $-a + \sqrt{b} > 0$. Assim,

$$\begin{aligned} (-a)^2 = a^2 < b = (\sqrt{b})^2 &\Leftrightarrow (-a)^2 - (\sqrt{b})^2 < 0 \\ &\Leftrightarrow (-a - \sqrt{b})(-a + \sqrt{b}) < 0. \end{aligned}$$

Disso segue que $-a - \sqrt{b}$ e $-a + \sqrt{b}$ têm sinais diferentes. Como $-a + \sqrt{b} > 0$, segue que $-a - \sqrt{b} < 0$. Logo

$$\begin{aligned} -a + \sqrt{b} > 0 \ \wedge \ -a - \sqrt{b} < 0 &\Leftrightarrow a < \sqrt{b} \ \wedge \ a > -\sqrt{b} \\ &\Leftrightarrow -\sqrt{b} < a < \sqrt{b}. \end{aligned}$$

□

Exemplo 2.1.22 *Resolver a inequação* $x^2 - 2x - 3 < 0$.

Solução. Completando quadrados temos

$$\begin{aligned} x^2 - 2x - 3 < 0 &\Leftrightarrow x^2 - 2x + 1 - 1 - 3 < 0 \\ &\Leftrightarrow (x-1)^2 - 4 < 0 \\ &\Leftrightarrow -\sqrt{4} < x - 1 < \sqrt{4} \\ &\Leftrightarrow -2 + 1 < x < 2 + 1 \\ &\Leftrightarrow -1 < x < 3 \\ &\Leftrightarrow x \in (-1, 3). \end{aligned}$$

□

Observação 2.1.23 *Os Teoremas* 2.1.17, 2.1.19 *e* 2.1.21 *continuam válidos se trocarmos o símbolo* $<$ *pelo símbolo* $\leqslant$*, como também se trocarmos* $>$ *por* $\geqslant$*.*

Teorema 2.1.24 *Se* $a \in \mathbb{R}$*, então*

$$x^2 + a \geqslant a, \ \forall x \in \mathbb{R}.$$

Demonstração. Como $x^2 \geqslant 0$, $\forall x \in \mathbb{R}$, segue que $x^2 + a \geqslant a$, $\forall x \in \mathbb{R}$. □

2.2 Exercícios

1. Sejam $x, y \in \mathbb{R}$. Mostre que $x < y \Leftrightarrow -x > -y$.

2. Sejam $x, y \in \mathbb{R}$. Demonstre que $x < y < 0 \Rightarrow 0 < \frac{1}{x^2} < \frac{1}{y^2}$.

3. Seja $x \in \mathbb{R}$. Mostre que $0 < x < 1 \Rightarrow 0 < x^2 < x < 1$.

4. Sejam $x, y, z \in \mathbb{R}$ com $x > y$. Se $xz \leqslant yz$, então mostre que $z \leqslant 0$.

5. Demonstre que, se $x \in \mathbb{R}$ tal que $0 \leqslant x < h$ para todo $h > 0$, então $x = 0$.

6. Sejam $x, y \in \mathbb{R}$ tal que $x \leqslant y + \varepsilon$ para todo $\varepsilon > 0$. Então mostre que $x \leqslant y$.

7. Sejam $x, y \in \mathbb{R}$ com $x < y$ e $p, q > 0$. Mostre que:[1]

   (a) $x < \frac{x+y}{2} < y$. (b) $x < \frac{px+qy}{p+q} < y$.

8. Sejam $x, y \in \mathbb{R}$. Mostre que $xy \leqslant \frac{x^2+y^2}{2}$.

9. Sejam x e y números reais positivos. Mostre que[2] $\sqrt{xy} \leqslant \frac{x+y}{2}$.

10. Mostre que, para todo número real $x > 0$, vale $x + \frac{1}{x} \geqslant 2$.

11. Sejam $a, b \in \mathbb{R}^+$. Mostre que $\frac{a}{b} + \frac{b}{a} \geqslant 2$.

---

[1]O quociente $\frac{px+qy}{p+q}$ é a *média ponderada* de x e y.

[2]Esta desigualdade é chamada desigualdade entre a média geométrica (MG) e a média aritmética (MA) de dois números reais positivos x e y, i.e., MG:$= \sqrt{xy} \leqslant \frac{x+y}{2} =$:MA.

12. **(Desigualdade de Nesbitt)** Sejam a, b, c números reais positivos. Mostre que

$$\frac{a}{b+c} + \frac{b}{a+c} + \frac{c}{a+b} \geqslant \frac{3}{2}.$$

13. Sejam $a, b, c \in \mathbb{R}$. Mostre a desigualdade

$$a^2 + b^2 + c^2 \geqslant ab + bc + ca.$$

14. Sejam $a, b, x, y \in \mathbb{R}$. Mostre que $(a^2 + b^2)(x^2 + y^2) \geqslant (ax + by)^2$.

15. Sejam $a, b, c \in \mathbb{R}$ com $x, y, z \in \mathbb{R}^+$. Mostre que

(a) $\frac{a^2}{x} + \frac{b^2}{y} \geqslant \frac{(a+b)^2}{x+y}$. (b) $\frac{a^2}{x} + \frac{b^2}{y} + \frac{c^2}{z} \geqslant \frac{(a+b+c)^2}{x+y+z}$.

16. Sejam $x, y \in \mathbb{R}$. Se $x \geqslant y > 0$, então mostre que:

(a) $y \leqslant \sqrt{xy} \leqslant x$ (b) $8y \leqslant 2(x + y + 2\sqrt{xy}) \leqslant 8x$
(c) $\frac{(x-y)^2}{8a} \leqslant \frac{x+y}{2} - \sqrt{xy} \leqslant \frac{(x-y)^2}{8b}$.

17. Resolva as inequações

(a) $x^2 \geqslant 0$ (b) $x^2 > 0$ (c) $(x-2)^2 \leqslant 0$
(d) $x^2 + 1 \geqslant 0$ (e) $(x+1)^2 > 0$ (f) $(x-5)^2 < 0$.

18. Resolver a inequações

(**i**) $x^2 - 10x + 24 > 0$. (**ii**) $x^2 - 10x + 24 < 0$.
(**iii**) $x^2 - 10x + 24 \geqslant 0$. (**iv**) $x^2 - 10x + 24 \leqslant 0$.

19. Resolver a inequações

(**i**) $\frac{x-2}{x+3} > 0$ (**ii**) $\frac{x-2}{x+3} < 0$ (**iii**) $\frac{x-2}{x+3} \geqslant 0$
(**iv**) $\frac{x-2}{x+3} \leqslant 0$.

20. Resolver as inequações

(**i**) $6 - 2x \leqslant 3x - 9 \leqslant 2x - 6$ (**ii**) $6 - 2x < 3x - 9 < 2x - 6$
(**iii**) $6 - 2x < 3x - 9 \leqslant 2x - 6$ (**iv**) $6 - 2x \leqslant 3x - 9 < 2x - 6$.

2.3 Método gráfico da regra dos sinais para resolver inequações

Este método é aplicado na resolução de inequações das formas

$$\begin{gathered}(x\pm a_1)(x\pm a_2)\cdots(x\pm a_n)>0\\ \frac{(x\pm a_1)(x\pm a_2)\cdots(x\pm a_n)}{(x\pm b_1)(x\pm b_2)\cdots(x\pm b_m)}>0\end{gathered}\tag{2.3.1}$$

em que $a_i, b_j \in \mathbb{R}$, a_i são distintos entre si e os b_j também são distintos entre si.

Observação 2.3.1 *No lugar do fator $(x\pm a_i)$ podemos ter o fator $(cx\pm a_i)$ com $c>0$, e o mesmo pode acontecer com o fator $(x\pm b_j)$.*

Este método é também conhecido popularmente como *método do varal* e consiste no seguinte:

1) Encontrar a raiz de cada um dos fatores lineares e escrever todas elas numa sequência crescente na reta real.
2) Fazer uma tabela em que colocamos os sinais da cada fator e sinal do produto (quociente) de ambos fatores.
3) Para cada fator $(x-a)$, à direita de a colocar o sinal $(+)$, pois

$$x>a\Leftrightarrow x-a>0$$

e à esquerda de a colocamos o sinal $(-)$.
4) Finalmente, tomar os valores positivos da última linha onde está o produto ou o quociente, que nos dá a solução de nossa inequação.

Vejamos um exemplo:

Exemplo 2.3.2 *Resolver a inequação $(x-2)(x-5)>0$.*

Solução. As raízes dos fatores são $x=2$ e $x=5$. Logo, temos a tabela da Figura 2.1.

Disto, concluímos que $x\in(-\infty,2)\cup(5,+\infty)$. □

Exemplo 2.3.3 *Resolver a inequação $\dfrac{(x-6)(x+4)}{(x-7)(x+1)}>0$.*

	$-\infty$ a 2	2 a 5	5 a $+\infty$
$x-2$	$-$	$+$	$+$
$x-5$	$-$	$-$	$+$
$(x-2)(x-5)$	$+$	$-$	$+$

Figura 2.1: Tabela da solução de $(x-2)(x-5) > 0$.

	$-\infty$ a -4	-4 a -1	-1 a 6	6 a 7	7 a $+\infty$
$x-6$	$-$	$-$	$-$	$+$	$+$
$x+4$	$-$	$+$	$+$	$+$	$+$
$(x-7)$	$-$	$-$	$-$	$-$	$+$
$(x+1)$	$-$	$-$	$+$	$+$	$+$
$\frac{(x-6)(x+4)}{(x-7)(x+1)}$	$+$	$-$	$+$	$-$	$+$

Figura 2.2: Tabela da solução de $\frac{(x-6)(x+4)}{(x-7)(x+1)} > 0$.

Solução. As raízes dos fatores lineares são $x = 6, x = -4, x = 7$ e $x = -1$. Ordenando-as na forma crescente, temos $-4, -1, 6, 7$. Assim, temos a tabela da Figura 2.2.

Disto, concluímos que $x \in (-\infty, -4) \cup (-1, 6) \cup (7, +\infty)$. □

Exemplo 2.3.4 *Resolver a inequação* $(2x-1)(3x+1)(4x-3)(2x+1) > 0$.

Solução. Para achar as raízes dos fatores lineares $2x-1$, $3x+1$, $4x-3$ e $2x+1$, resolvemos as equações $2x-1=0$, $3x+1=0$, $4x-3=0$ e $2x+1=0$, respectivamente. Obtemos os valores $x = \frac{1}{2}$, $x = -\frac{1}{3}$, $x = \frac{3}{4}$ e $x = -\frac{1}{2}$.

Ordenando as na forma crescente temos: $-\frac{1}{2}, -\frac{1}{3}, \frac{1}{2}, \frac{3}{4}$. Assim, temos a tabela da Figura 2.3. Disto, concluímos que $(-\infty, -\frac{1}{2}) \cup (-\frac{1}{3}, \frac{1}{2}) \cup (\frac{3}{4}, +\infty)$ é o conjunto

	$-\infty$ a $-\frac{1}{2}$	$-\frac{1}{2}$ a $-\frac{1}{3}$	$-\frac{1}{3}$ a $\frac{1}{2}$	$\frac{1}{2}$ a $\frac{3}{4}$	$\frac{3}{4}$ a $+\infty$
$2x-1$	$-$	$-$	$-$	$+$	$+$
$3x+1$	$-$	$-$	$+$	$+$	$+$
$4x-3$	$-$	$-$	$-$	$-$	$+$
$2x+1$	$-$	$+$	$+$	$+$	$+$
$(2x-1)(3x+1)(4x-3)(2x+1)$	$+$	$-$	$+$	$-$	$+$

Figura 2.3: Tabela da solução de $(2x-1)(3x+1)(4x-3)(2x+1) > 0$.

solução da equação acima. Logo, concluímos que a solução da equação acima é o conjunto dos valores x tais que $x \in (-\infty, -\frac{1}{2}) \cup (-\frac{1}{3}, \frac{1}{2}) \cup (\frac{3}{4}, +\infty)$. □

Exemplo 2.3.5 *Resolver a inequação* $\frac{(2x-1)(3x+1)}{(4x-3)(2x+1)} > 0$.

Solução. Para achar as raízes dos fatores lineares $2x-1$, $3x+1$, $4x-3$ e $2x+1$, resolvemos as equações $2x-1=0$, $3x+1=0$, $4x-3=0$ e $2x+1=0$, respectivamente. Obtemos os valores $x=\frac{1}{2}$, $x=-\frac{1}{3}$, $x=\frac{3}{4}$ e $x=-\frac{1}{2}$. Ordenando na forma crescente temos: $-\frac{1}{2}, -\frac{1}{3}, \frac{1}{2}, \frac{3}{4}$. Assim, temos a tabela. Disto, concluímos que $x \in (-\infty, -\frac{1}{2}) \cup (-\frac{1}{3}, \frac{1}{2}) \cup (\frac{3}{4}, +\infty)$. □

Observação 2.3.6 *Podemos usar este mesmo método quando, na inequação* (2.3.1), *trocamos o sinal* $>$ *por qualquer um dos sinais:* $\geqslant$, $<$ *ou* $\leqslant$.

No caso de $\geqslant$ *ou* $\leqslant$ *devemos excluir os pontos em que os fatores do denominador se anulam.*

Exemplo 2.3.7 *Resolver a inequação* $\frac{(x-6)(x+4)}{(x-7)(x+1)} \leqslant 0$.

Solução. As raízes dos fatores lineares são $x=6$, $x=-4$, $x=7$ e $x=-1$. Ordenando-as na forma crescente temos $-4, -1, 6, 7$. Assim, temos as seguinte tabela. Disto,

$-\infty$	$-\frac{1}{2}$	$-\frac{1}{3}$	$\frac{1}{2}$	$\frac{3}{4}$	$+\infty$
$2x-1$	$-$	$-$	$-$	$+$	$+$
$3x+1$	$-$	$-$	$+$	$+$	$+$
$4x-3$	$-$	$-$	$-$	$-$	$+$
$2x+1$	$-$	$+$	$+$	$+$	$+$
$\frac{(2x-1)(3x+1)}{(4x-3)(2x+1)}$	$+$	$-$	$+$	$-$	$+$

Figura 2.4: Tabela da solução de $\frac{(2x-1)(3x+1)}{(4x-3)(2x+1)} > 0$.

$-\infty$	-4	-1	6	7	$+\infty$
$x-6$	$-$	$-$	$-$	$+$	$+$
$x+4$	$-$	$+$	$+$	$+$	$+$
$(x-7)$	$-$	$-$	$-$	$-$	$+$
$(x+1)$	$-$	$-$	$+$	$+$	$+$
$\frac{(x-6)(x+4)}{(x-7)(x+1)}$	$+$	$-$	$+$	$-$	$+$

Figura 2.5: Tabela da solução de $\frac{(x-6)(x+4)}{(x-7)(x+1)} \leqslant 0$.

concluímos que $x \in [-4,-1) \cup [6,7)$. □

Método dos pontos críticos

É um método prático para resolver inequações do tipo (2.3.1) e consiste em:

1) achar os pontos críticos ou raízes de cada fator $(x \pm a_i)$ e $(x \pm b_j)$,

2) ordenar estes em forma crescente,

3) colocar entre eles os sinais $(+)$ e $(-)$ *alternadamente*, começando da direita e sempre com o sinal $(+)$.

Isso indicará que a expressão original é:

(**i**) > 0 (positiva) nos intervalos abertos onde aparecem $(+)$.

(**ii**) < 0 (negativa) nos intervalos abertos onde aparecem $(-)$.

No caso em que tivéssemos $\geqslant 0$ ou $\leqslant 0$, os intervalos abertos se fecham somente naqueles pontos críticos que não anulam o denominador. Vejamos isso nos seguintes exemplos.

Exemplo 2.3.8 *Resolver as seguintes inequações:*

1. $x^3 - x^2 - 22x + 40 < 0$ **2.** $x^3 - x^2 - 22x + 40 \leqslant 0$

3. $x^3 - x^2 - 22x + 40 > 0$ **4.** $x^3 - x^2 - 22x + 40 \geqslant 0.$

Solução. Observe que $x = 2$ é uma raiz da equação $x^3 - x^2 - 22x + 40 = 0$. Assim

$$\begin{aligned} x^3 - x^2 - 22x + 40 &= (x-2)(x^2 + x - 20) \\ &= (x-2)(x-4)(x+5). \end{aligned}$$

Logo, os pontos críticos em ordem crescente são: $-5, 2, 4$.

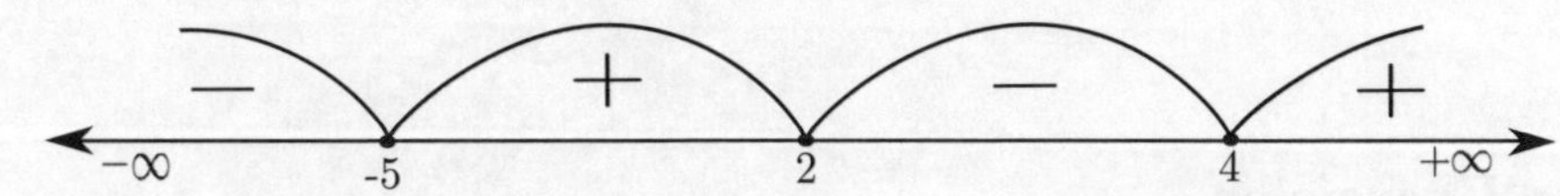

Figura 2.6: Sinal de expressão $x^3 - x^2 - 22x + 40$.

Portanto,

1. $x^3 - x^2 - 22x + 40 < 0$: $x \in (-\infty, -5) \cup (2, 4)$.

2. $x^3 - x^2 - 22x + 40 \leqslant 0$: $x \in (-\infty, -5] \cup [2, 4]$.

3. $x^3 - x^2 - 22x + 40 > 0$: $x \in (-5, 2) \cup (4, +\infty)$.

4. $x^3 - x^2 - 22x + 40 \geqslant 0$: $x \in [-5, 2] \cup [4, +\infty)$. □

Exemplo 2.3.9 *Resolver as seguintes inequações*

1. $\dfrac{(x-6)(x+4)}{(x-7)(x+1)} > 0.$ **2.** $\dfrac{(x-6)(x+4)}{(x-7)(x+1)} \geqslant 0.$

3. $\dfrac{(x-6)(x+4)}{(x-7)(x+1)} < 0.$ **4.** $\dfrac{(x-6)(x+4)}{(x-7)(x+1)} \leqslant 0.$

Solução. Os pontos críticos em ordem crescente são: -4, -1, 6, 7. Veja a Figura 2.7.

Logo,

1. $\dfrac{(x-6)(x+4)}{(x-7)(x+1)} > 0$: $x \in (-\infty,-4) \cup (-1,6) \cup (7,+\infty)$.

2. $\dfrac{(x-6)(x+4)}{(x-7)(x+1)} \geqslant 0$: $x \in (-\infty,-4] \cup (-1,6] \cup (7,+\infty)$

3. $\dfrac{(x-6)(x+4)}{(x-7)(x+1)} < 0$: $x \in (-4,-1) \cup (6,7)$.

4. $\dfrac{(x-6)(x+4)}{(x-7)(x+1)} \leqslant 0$: $x \in [-4,-1) \cup [6,7)$.

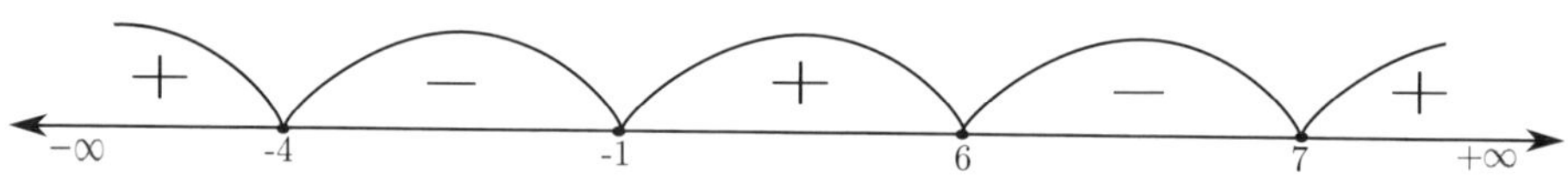

Figura 2.7: Sinal de expressão $\dfrac{(x-6)(x+4)}{(x-7)(x+1)}$.

□

2.4 Exercícios

1. Resolver a inequação $-16x^2+64x \geqslant 55$.

2. Resolver a inequação $2x^4+2x^3-5x^2-x \geqslant 0$.

3. Resolver a inequação $x^3+1 > x^2+x$.

4. Resolver a inequação $x^4-2x^2-8 < 0$.

5. Resolver a inequação $(x^2-256)(x^3+27)x^2 < 0$.

6. Resolver a inequação $(4x-1)(3x-7)(x^4+x^2+8)(3-x) > 0$.

7. Resolver a inequação $-3(2x-1)(2-3x-2x^2)(x^4-x^2) \geqslant 0$.

8. Resolver a inequação $\frac{(1-x)(x+x^2)}{x^2+x-2} \geqslant 0$.

9. Resolver as inequações usando o método dos pontos críticos:

   (a) $(x-1)(x^2-2x-24)>0$ (b) $(x-1)(x^2-2x-24)\geqslant 0$

   (c) $(x-1)(x^2-2x-24)<0$ (d) $(x-1)(x^2-2x-24)\leqslant 0$.

10. Resolver as inequações usando o método dos pontos críticos:

    (a) $\dfrac{(x^2-1)(x+3)(x-2)}{(x-5)(x+7)}>0$ (b) $\dfrac{(x^2-1)(x+3)(x-2)}{(x-5)(x+7)}\geqslant 0$

    (c) $\dfrac{(x^2-1)(x+3)(x-2)}{(x-5)(x+7)}<0$ (d) $\dfrac{(x^2-1)(x+3)(x-2)}{(x-5)(x+7)}\leqslant 0$.

2.5 Inequações envolvendo radicais

Em várias situações nos deparamos com equações ou inequações que, em pelo menos uma de suas partes, apresentam radicais, com índice *par*, de alguma expressão qualquer. Como exemplos, apresentamos a equação $x-\sqrt{3-x^2}=2$ e a inequação $4+\sqrt[6]{x+5}\geqslant 2x$. No primeiro caso, temos a expressão $3-x^2$ dentro de uma raiz com índice 2. No segundo, temos a expressão $x+5$ dentro de uma raiz com índice 6.

Chamando uma expressão qualquer de $E(x)$ e um número par de n, podemos representar por $\sqrt[n]{E(x)}$ essas partes de equações ou inequações que apresentam radicais com índice par de uma expressão qualquer.

Consideremos uma equação ou inequação contendo uma parte do tipo $\sqrt[n]{E(x)}$ e a chamemos de equação original. Devemos impor a condição

$$E(x)\geqslant 0 \tag{2.5.1}$$

para que as soluções da equação ou inequação original sejam válidas.

Dessa forma, antes de resolver a equação ou inequação original, devemos impor a condição $E(x)\geqslant 0$ e achar seu conjunto solução. Em seguida, resolvemos a equação ou inequação **neste** conjunto solução.

Vamos ver um exemplo.

Exemplo 2.5.1 *Encontrar* $x\in\mathbb{R}$ *tal que* $x+\sqrt{x-1}=7$.

Solução. Antes de resolver a equação devemos impor a condição que $x-1\geqslant 0$, i.e., $x\geqslant 1$. Logo, devemos achar x que esteja no conjunto $[1,+\infty)$ e que satisfaça à equação original $x+\sqrt{x-1}=7$. Para isso, vamos resolver nossa equação original.

Agora, vamos a resolver nossa equação

$$\begin{aligned} x+\sqrt{x-1}=7 &\Leftrightarrow x-1+\sqrt{x-1}-6=0 \\ &\Leftrightarrow (\sqrt{x-1}+3)(\sqrt{x-1}-2)=0. \end{aligned}$$

Desta última equação segue que $\sqrt{x-1}+3=0$ ou $\sqrt{x-1}-2=0$. Como a raiz quadrada nunca assume valores negativos, segue que $\sqrt{x-1}=2$, i.e., $x=5$, e, como $5\in[1,+\infty)$, segue que a solução de nossa equação é $x=5$. □

Exemplo 2.5.2 *Resolver a inequação* $\sqrt{x-2}>-7$.

Solução. Antes de resolver a desigualdade devemos impor que $x-2\geqslant 0$, i.e., $x\geqslant 2$. Agora observe que a desigualdade é válida para todo $x\in[2,+\infty)$. Portanto a solução é $x\in[2,+\infty)$. □

Vejamos agora alguns resultados envolvendo radicais.

Teorema 2.5.3 *Sejam* $a,b\in\mathbb{R}$.
(**i**) $\sqrt{a}<b\Leftrightarrow a\geqslant 0 \ \wedge\ [b>0\wedge a<b^2\,]$.
(**ii**) $\sqrt{a}>b\Leftrightarrow a\geqslant 0 \ \wedge\ [b<0 \ \vee\ (b\geqslant 0\wedge a>b^2)\,]$.

Demonstração. (**i**) $\Rightarrow]$ $\sqrt{a}<b\Rightarrow a\geqslant 0 \ \wedge\ [b>0\wedge a<b^2\,]$.

De fato, $\sqrt{a}$ existe para $a\geqslant 0$. Da hipótese $\sqrt{a}<b$ segue que $b>0$ (se $b\leqslant 0$, temos um absurdo) e também

$$\begin{aligned} \sqrt{a}-b<0 &\Leftrightarrow (\sqrt{a}-b)(\sqrt{a}+b)<0 \\ &\Leftrightarrow a-b^2<0 \\ &\Leftrightarrow a<b^2. \end{aligned}$$

$\Leftarrow]$ $a\geqslant 0 \ \wedge\ [b>0\wedge a<b^2\,]\Rightarrow\sqrt{a}<b$.

Observe que

$$\begin{aligned} a<b^2 &\Leftrightarrow a-b^2<0 \\ &\Leftrightarrow (\sqrt{a}-b)(\sqrt{a}+b)<0. \end{aligned}$$

Disso segue que $\sqrt{a}-b$ e $\sqrt{a}+b$ têm sinais distintos. Como $\sqrt{a}+b>0$, concluímos que $\sqrt{a}-b<0$, i.e., $\sqrt{a}<b$.

(**ii**) $\Rightarrow]$ $\sqrt{a}>b \Rightarrow a \geqslant 0 \ \wedge \ [b<0 \ \vee \ (b \geqslant 0 \wedge a>b^2)\,]$.

Da hipótese $a \geqslant 0$, já que $\sqrt{a}$ existe para $a \geqslant 0$ e $b<0$ ou $b \geqslant 0$. Logo, obtemos

$$\begin{aligned}\sqrt{a}>b &\Leftrightarrow \sqrt{a}-b>0\\ &\Leftrightarrow (\sqrt{a}-b)(\sqrt{a}+b)>0\\ &\Leftrightarrow a-b^2>0\\ &\Leftrightarrow a>b^2.\end{aligned}$$

$\Leftarrow]$ $a \geqslant 0 \ \wedge \ [b<0 \ \vee \ (b \geqslant 0 \wedge a>b^2)\,] \Rightarrow \sqrt{a}>b$.

Se $a \geqslant 0$, então $\sqrt{a} \geqslant 0$. Agora para $b<0$, trivialmente temos $\sqrt{a}>b$. Consideremos então o caso em $b \geqslant 0$ e $a>b^2$. Assim

$$\begin{aligned}a>b^2 &\Leftrightarrow a-b^2>0\\ &\Leftrightarrow (\sqrt{a}-b)(\sqrt{a}+b)>0.\end{aligned}$$

Disso segue que $\sqrt{a}-b$ e $\sqrt{a}+b$ têm o mesmo sinal. Como $\sqrt{a}+b>0$, segue que $\sqrt{a}-b>0$, i.e., $\sqrt{a}>b$. □

Exemplo 2.5.4 *Resolver a inequação* $\sqrt{x^2+4x}<5x-1$.

Solução. Denotando por $a=x^2+4x$ e $b=5x-1$, estamos no caso (**i**) do Teorema 2.5.3. Então,

$$\sqrt{a}<b \Leftrightarrow a \geqslant 0 \ \wedge \ [b>0 \wedge a<b^2\,].$$

• $a \geqslant 0$.

$$\begin{aligned}x^2+4x &\Leftrightarrow x(x+4) \geqslant 0\\ &\Leftrightarrow [x \geqslant 0 \wedge x+4 \geqslant 0] \vee [x \leqslant 0 \wedge x+4 \leqslant 0]\\ &\Leftrightarrow x \in [0,+\infty) \vee x \in (-\infty,-4]\\ &\Leftrightarrow x \in (-\infty,-4] \cup [0,+\infty).\end{aligned}$$

• $b>0$.

$$5x-1>0 \Leftrightarrow 5x>1 \Leftrightarrow x>\tfrac{1}{5} \Leftrightarrow x \in (\tfrac{1}{5},+\infty).$$

• $a < b^2$.

$$\begin{aligned} a < b^2 &\Leftrightarrow x^2 + 4x < (5x-1)^2 \\ &\Leftrightarrow x^2 + 4x < 25x^2 - 10x + 1 \\ &\Leftrightarrow 0 < 24x^2 - 14x + 1 \\ &\Leftrightarrow (2x-1)(12x-1) > 0 \\ &\Leftrightarrow [2x-1 > 0 \wedge 12x-1 > 0] \vee [2x-1 < 0 \wedge 12x-1 < 0] \\ &\Leftrightarrow [x > \tfrac{1}{2} \wedge x > \tfrac{1}{12}] \vee [x < \tfrac{1}{2} \wedge x < \tfrac{1}{12}] \\ &\Leftrightarrow x \in (\tfrac{1}{2}, +\infty) \vee x \in (-\infty, \tfrac{1}{12}) \\ &\Leftrightarrow x \in (-\infty, \tfrac{1}{12}) \cup (\tfrac{1}{2}, +\infty). \end{aligned}$$

Portanto,

$$\begin{aligned} &a \geqslant 0 \ \wedge \ [b > 0 \wedge a < b^2] \\ &\Leftrightarrow \Big[(-\infty, -4] \cup [0, +\infty)\Big] \cap \Big[(\tfrac{1}{5}, +\infty) \cap (-\infty, \tfrac{1}{12}) \cup (\tfrac{1}{2}, +\infty)\Big] \\ &\Leftrightarrow \Big[(-\infty, -4] \cup [0, +\infty)\Big] \cap (\tfrac{1}{2}, +\infty) \\ &\Leftrightarrow (\tfrac{1}{2}, +\infty). \end{aligned}$$

Portanto, $x \in (\frac{1}{2}, +\infty)$. □

Exemplo 2.5.5 *Resolver a inequação* $\sqrt{6x+1} > 2x-3$.

Solução. Denotando por $a = 6x+1$ e $b = 2x-3$, temos

$$\sqrt{a} > b \Leftrightarrow a \geqslant 0 \ \wedge \ \big[b < 0 \ \vee \ (b \geqslant 0 \wedge a > b^2)\ \big].$$

• $a \geqslant 0$.

$$\begin{aligned} 6x + 1 \geqslant 0 &\Leftrightarrow x \geqslant -\tfrac{1}{6} \\ &\Leftrightarrow x \in [-\tfrac{1}{6}, +\infty). \end{aligned}$$

• $b < 0$.

$$2x - 3 < 0 \Leftrightarrow x < \tfrac{3}{2} \Leftrightarrow x \in (-\infty, \tfrac{3}{2}).$$

- $b \geqslant 0$.

$$2x-3 \geqslant 0 \Leftrightarrow x \geqslant \tfrac{3}{2} \Leftrightarrow x \in [\tfrac{3}{2}, +\infty).$$

- $a > b^2$.

$$\begin{aligned}
6x+1 > (2x-3)^2 &\Leftrightarrow 6x+1 > 4x^2-12x+9 \\
&\Leftrightarrow 0 > 4x^2-18x+8 \\
&\Leftrightarrow 0 > (2x-1)(2x-8) \\
&\Leftrightarrow \Big[2x-1<0 \wedge 2x-8>0\Big] \vee \Big[2x-1>0 \wedge 2x-8<0\Big] \\
&\Leftrightarrow \Big[x<\tfrac{1}{2} \wedge x>4\Big] \vee \Big[x>\tfrac{1}{2} \wedge x<4\Big] \\
&\Leftrightarrow x \in \varnothing \vee x \in (\tfrac{1}{2},4) \\
&\Leftrightarrow x \in (\tfrac{1}{2},4).
\end{aligned}$$

Portanto,

$$\begin{aligned}
a \geqslant 0 \ \wedge \ &\Big[b<0 \ \vee \ \big(b \geqslant 0 \wedge a > b^2\big)\Big] \\
&\Leftrightarrow [-\frac{1}{6}, +\infty) \cap \Big[(-\infty, \tfrac{3}{2}) \cup \Big([\tfrac{3}{2}, +\infty) \cap (\tfrac{1}{2}, 4)\Big)\Big] \\
&\Leftrightarrow [-\tfrac{1}{6}, +\infty) \cap \Big[(-\infty, \tfrac{3}{2}) \cup [\tfrac{3}{2}, 4)\Big] \\
&\Leftrightarrow [-\tfrac{1}{6}, +\infty) \cap (-\infty, 4) \\
&\Leftrightarrow [-\tfrac{1}{6}, 4).
\end{aligned}$$

□

2.6 Exercícios

1. Seja $x \in \mathbb{R}$. Mostre que $\sqrt{x} = 0 \Leftrightarrow x = 0$.

2. Resolva a equação $\sqrt{x+2} + \sqrt{2-x} = 1$.

3. Sejam $x, y \in \mathbb{R}$. Então, mostre que $0 \leqslant x \leqslant y \Leftrightarrow 0 \leqslant \sqrt{x} \leqslant \sqrt{y}$.

4. Sejam $x, y \in \mathbb{R}$. Então, mostre que $\sqrt{x} + \sqrt{y} = 0 \Leftrightarrow x = 0 \ \wedge \ y = 0$.

5. Sejam $x, y \in \mathbb{R}$. Mostre que $\sqrt{x} + \sqrt{y} \leqslant 0 \Leftrightarrow x = 0 \wedge y = 0$.

6. Se $-3 < x < 0$, então, mostre que $1 < \sqrt{-x+1} < 2$.

7. Resolver a inequação $\sqrt{x-3} < 5$.

8. Resolver a inequação $\sqrt{x+3} > -2$.

9. Resolver a inequação $\sqrt{x-3} < \sqrt{5-x}$.

10. Resolver a inequação $\sqrt{x-5} \leqslant 0$.

2.7 Valor absoluto

A relação de ordem em $\mathbb{R}$ nos permite definir o *valor absoluto* ou *módulo* de um número real x, denotado por $|x|$, como sendo

$$|x| = \begin{cases} x, & \text{se } x \geqslant 0 \\ -x, & \text{se } x < 0. \end{cases}$$

Em outras palavras, $|x|$ é o maior dos números x e $-x$, isto é, $|x| = \max\{x, -x\}$.

Observação 2.7.1 *A notação* $\max\{s,t\}$ *significa maior valor entre* s *e* t. *Por exemplo,* $\max\{2, -7\} = 2$, $\max\{-5, -5\} = -5$ *e* $\max\{5, 11\} = 11$.

Da definição de $|x|$ segue que

$$|x|^2 = \left.\begin{cases} x^2, & \text{se } x \geqslant 0 \\ (-x)^2, & \text{se } x < 0 \end{cases}\right\} = x^2, \ \forall x \in \mathbb{R}.$$

Logo, $|x| = \sqrt{x^2}$, para todo $x \in \mathbb{R}$.

Da definição de $|x|$ também segue

$$-|x| = \begin{cases} -x, & \text{se } x \geqslant 0 \\ x, & \text{se } x < 0 \end{cases} \leqslant 0 \leqslant \begin{cases} x, & \text{se } x \geqslant 0 \\ -x, & \text{se } x < 0 \end{cases} = |x|.$$

Em ambos os casos,

$$-|x| \leqslant x \leqslant |x| \ \text{ e } -|x| \leqslant -x \leqslant |x|, \ \forall x \in \mathbb{R}.$$

Exemplo 2.7.2 *Calcule*

(**a**) $|-2|$ (**b**) $|1-\sqrt{3}|$ (**c**) $|2,5|$ (**d**) $|x^2+1|$ (**e**) $|x+1|$

Solução. (**a**) $|-2| = -(-2) = 2$.
(**b**) $|1-\sqrt{3}| = -(1-\sqrt{3}) = \sqrt{3}-1$.
(**c**) $|2,5| = 2,5$.
(**d**) $|x^2+1| = x^2+1$, pois $x^2+1>0$ para todo $x \in \mathbb{R}$.
(**e**) $|x+1| = \begin{cases} x+1, & \text{se} x+1 \geqslant 0 \\ -(x+1), & \text{se} x+1 < 0. \end{cases} = \begin{cases} x+1, & \text{se} x \geqslant -1 \\ -(x+1), & \text{se} x < -1. \end{cases}$ □

Interpretação geométrica

O valor absoluto de um número real x é, na reta, a distância do ponto x até a origem. Isto é, $|x| = \text{dist}(x,0)$, onde dist=distância.

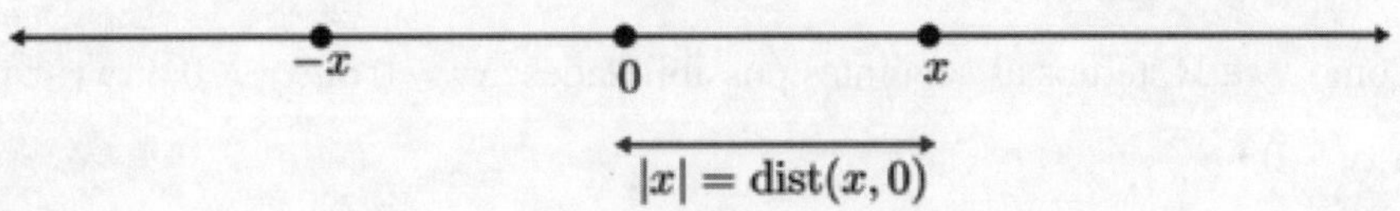

Figura 2.8: Interpretação geométrica de $|x|$.

Se os números reais x e y são as coordenadas dos pontos X e Y na reta real, então $|x-y|$ corresponde à distância do ponto X até o ponto Y, i.e., $|x-y| = \text{dist}(X,Y)$.

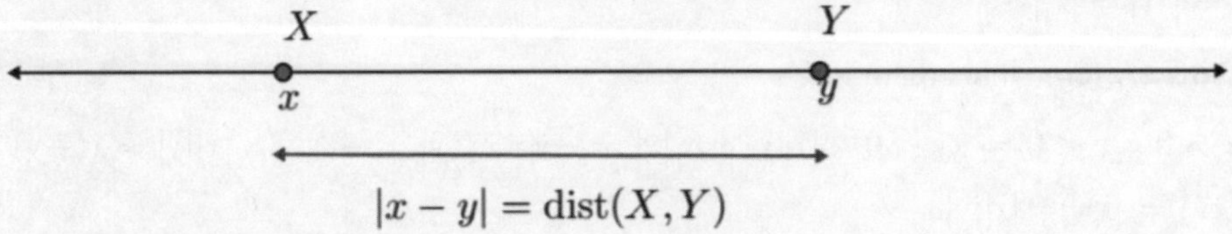

Figura 2.9: Interpretação geométrica de $|x-y|$.

Teorema 2.7.3 (Propriedades básicas) *Sejam* $x, y \in \mathbb{R}$.

(**i**) $|x| \geqslant 0$. *Além disso,* $|x| = 0 \Leftrightarrow x = 0$.

(**ii**) $|xy| = |x||y|$.

(**iii**) $|x+y| \leqslant |x| + |y|$ (Desigualdade triangular).

Demonstração. (**i**) Seja $x \in \mathbb{R}$. Então, ou $x < 0$, ou $x = 0$ ou $x > 0$.

• Se $x \geqslant 0$, então $|x| = x \geqslant 0$.

• Se $x < 0$, então $|x| = -x > 0$.

Portanto, $|x| \geqslant 0$, $\forall x \in \mathbb{R}$.

Agora, vamos demonstrar $|x| = 0 \Leftrightarrow x = 0$.

$\Rightarrow]$ $|x| = 0 \Rightarrow x = 0$.

Suponhamos que $x \neq 0$. Logo, $|x| > 0$, o que é absurdo, uma vez que $|x| = 0$, por hipótese. Portanto, vale $|x| = 0 \Rightarrow x = 0$.

$\Leftarrow]$ $x = 0 \Rightarrow |x| = 0$. Se $x = 0$ então, por definição, $|x| = 0$.

(**ii**) $|xy| = |x||y|$, para todo $x, y \in \mathbb{R}$.

Como $xy \in \mathbb{R}$, temos as seguintes possibilidades: $xy = 0$ ou $xy > 0$ ou $xy < 0$.

Caso $xy = 0$.

• $x = 0 \Rightarrow xy = 0 \wedge |x| = 0 \Rightarrow |xy| = 0 \wedge |x||y| = 0 \Rightarrow |xy| = |x||y|$.

• $y = 0 \Rightarrow xy = 0 \wedge |y| = 0 \Rightarrow |xy| = 0 \wedge |x||y| = 0 \Rightarrow |xy| = |x||y|$.

Caso x e y têm o mesmo sinal.

• $x > 0 \wedge y > 0 \Rightarrow xy > 0 \wedge |x| = x \wedge |y| = y \Rightarrow |xy| = xy \wedge |x||y| = xy \Rightarrow |xy| = |x||y|$.

• $x < 0 \wedge y < 0 \Rightarrow xy > 0 \wedge |x| = -x \wedge |y| = -y \Rightarrow |xy| = xy \wedge |x||y| = (-x)(-y) = xy \Rightarrow |xy| = |x||y|$.

Caso x e y têm sinais distintos.

• $x > 0 \wedge y < 0 \Rightarrow xy < 0 \wedge |x| = x \wedge |y| = -y \Rightarrow |xy| = -(xy) \wedge |x||y| = x(-y) = -(xy) \Rightarrow |xy| = |x||y|$.

• $x < 0 \wedge y > 0 \Rightarrow xy < 0 \wedge |x| = -x \wedge |y| = y \Rightarrow |xy| = -(xy) \wedge |x||y| = (-x)y = -(xy) \Rightarrow |xy| = |x||y|$.

Portanto, vemos que em todos os casos $|xy| = |x||y|$, para todo $x, y \in \mathbb{R}$.

(**iii**) $|x+y| \leqslant |x| + |y|$, $\forall x, y \in \mathbb{R}$.

De fato, de $-|x| \leqslant x \leqslant |x|$ para todo $x \in \mathbb{R}$ e $-|y| \leqslant y \leqslant |y|$ para todo $y \in \mathbb{R}$, segue que

$-(|x|+|y|) \leqslant x+y \leqslant |x|+|y|$. Ou seja,

$$x+y \leqslant |x|+|y| \text{ e}$$
$$-(x+y) \leqslant |x|+|y|.$$

Disto, segue que $\max\{x+y, -(x+y)\} \leqslant |x+y|$, i.e., $|x+y| \leqslant |x|+|y|$. □

Teorema 2.7.4 *Sejam* $a,b,x,y,z \in \mathbb{R}$.
(**i**) *Se* $b \geqslant 0$, $|x| = b \Leftrightarrow x = \pm b$ $(x = b \vee x = -b)$.
(**ii**) $|x| = |y| \Leftrightarrow x = \pm y$ $(x = y \vee x = -y)$.
(**iii**) *Se* $a \geqslant 0$, $z \leqslant a \wedge -z \leqslant a \Rightarrow |z| \leqslant a$.
(**iv**) $||x|-|y|| \leqslant |x-y|$.

Demonstração. (**i**) Seja $b \geqslant 0$.
$\Rightarrow]$ Se $x \geqslant 0$, então $|x| = x$. Logo $|x| = b$ implica $x = b$.
Se $x < 0$, então $|x| = -x$. Logo $|x| = b$ implica $x = -b$.
$\Leftarrow]$ Se $x = b \geqslant 0$, então $|x| = b$.
Se $x = -b \leqslant 0$, então $|x| = -x = b$.
(**ii**) Como $|x|, |y| \geqslant 0$, segue que

$$|x| = |y| \Leftrightarrow |x|^2 = |y|^2 \Leftrightarrow x^2 = y^2 \Leftrightarrow x = \pm y.$$

(**iii**) Se $z \geqslant 0$, então $|z| = z$ e, de $z \leqslant a$, segue que $|z| \leqslant a$.
Se $z < 0$, então $|z| = -z$ e, de $-z \leqslant a$, segue que $|z| \leqslant a$.
(**iv**) Observe que

$$|x| = |(x-y)+y| \leqslant |x-y|+|y|.$$

Daí,

$$|x|-|y| \leqslant |x-y|. \tag{2.7.1}$$

Analogamente,

$$|y| = |(y-x)+x| \leqslant |y-x|+|x| = |x-y|+|x|.$$

Daí,

$$|y|-|x| \leqslant |x-y| \Leftrightarrow -(|x|-|y|) \leqslant |x-y|. \tag{2.7.2}$$

De (2.7.1), (2.7.2) e (**iii**) segue que $||x|-|y|| \leqslant |x-y|$. □

Exemplo 2.7.5 *Sejam $x,y,z \in \mathbb{R}$. Se $x \leqslant y \leqslant z$, então mostre que*

$$|y| \leqslant |x|+|z|. \tag{2.7.3}$$

Solução. Observe que

$$y \leqslant z \leqslant |z| \leqslant |z|+|x| \Rightarrow y \leqslant |z|+|x|. \tag{2.7.4}$$

Por outro lado,

$$-z \leqslant -y \leqslant -x \leqslant |x| \leqslant |x|+|z| \Rightarrow -y \leqslant |x|+|z|. \tag{2.7.5}$$

De (2.7.4), (2.7.5) e do item (**iii**) do Teorema 2.7.4 obtemos (2.7.3). □

Exemplo 2.7.6 *Mostre que $|x|+|y|=0 \Leftrightarrow x=0 \wedge y=0$.*

Solução. $\Rightarrow]$ $|x|+|y|=0 \Rightarrow x=0 \wedge y=0$.

$$\begin{aligned} |x|+|y|=0 &\Rightarrow 0 \leqslant |x| = -|y| \leqslant 0 \\ &\Rightarrow 0 \leqslant |x| \leqslant 0 \\ &\Rightarrow |x|=0 \Rightarrow x=0. \end{aligned}$$

Como $|x|=-|y|$ e $x=0$, segue que $y=0$.
$\Leftarrow]$ $x=0 \wedge y=0 \Rightarrow |x|+|y|=0$.

A demonstração desta parte é óbvia. □

Exemplo 2.7.7 *Se $|x|<\varepsilon$ para todo $\varepsilon>0$, então mostre que $x=0$.*

Solução. Suponhamos que $x \neq 0$. Então, $|x|>0$. Daí, $\frac{|x|}{2}>0$. Como, por hipótese, $|x|<\varepsilon$ para todo $\varepsilon>0$, isso também vale para $\varepsilon=\frac{|x|}{2}>0$. Assim

$$0<|x|<\varepsilon=\frac{|x|}{2} \Rightarrow 0<2|x|<|x| \Rightarrow 2<1.$$

Absurdo. Portanto, $x=0$. □

Teorema 2.7.8 *Sejam $b, x \in \mathbb{R}$.*
(**i**) $|x| \leqslant b \Leftrightarrow \big[b \geqslant 0 \wedge \big(-b \leqslant x \leqslant b\big)\big]$.
(**ii**) $|x| \geqslant b \Leftrightarrow \big[x \geqslant b \vee x \leqslant -b\big]$

Demonstração. (**i**) $\Rightarrow$] $|x| \leqslant b \Rightarrow \big[b \geqslant 0 \wedge \big(-b \leqslant x \leqslant b\big)\big]$.

Como $0 \leqslant |x|$ e $|x| \leqslant b$, segue que $b \geqslant 0$. Além disso,

$$x \leqslant |x| \leqslant b \wedge -x \leqslant |x| \leqslant b \Rightarrow x \leqslant b \wedge -x \leqslant b \Rightarrow -b \leqslant x \leqslant b.$$

$\Leftarrow$] $b \geqslant 0 \wedge \big(-b \leqslant x \leqslant b\big) \Rightarrow |x| \leqslant b$.

$$-b \leqslant x \leqslant b \Leftrightarrow -b \leqslant x \wedge x \leqslant b \Leftrightarrow x \leqslant b \wedge -x \leqslant b.$$

Usando o item (**iii**) do Teorema 2.7.4, segue que $|x| \leqslant b$.
(**ii**) $|x| \geqslant b \Rightarrow \big[x \geqslant b \vee x \leqslant -b\big]$.

Como $x \in \mathbb{R}$ então $x \leqslant 0$ ou $x > 0$.

Se $x \geqslant 0$, então $|x| \geqslant b$ implica que $x \geqslant b$, ou, se $x < 0$, então $-x = |x| \geqslant b$ implica que $-x \geqslant b$, i.e., $x \leqslant -b$. □

Observação 2.7.9 *O Teorema* 2.7.8 *continua válido se trocarmos o símbolo $\leqslant$ pelo símbolo $<$, como também se trocarmos $\geqslant$ por $>$.*

Exemplo 2.7.10 *Resolver a inequação $|x-3| \leqslant 2x-5$.*

Solução. Denotando por $a = x-3$ e $b = 2x-5$ obtemos $|a| \leqslant b$. Usando o item (**i**) do Teorema 2.7.8 temos

$$|a| \leqslant b \Leftrightarrow \Big[b \geqslant 0 \wedge \big(-b \leqslant a \leqslant b\big)\Big].$$

• $b \geqslant 0$.

$$b \geqslant 0 \Leftrightarrow 2x-5 \geqslant 0 \Leftrightarrow x \geqslant \tfrac{5}{2} \Leftrightarrow x \in \big[\tfrac{5}{2}, +\infty\big).$$

- $-b \leqslant a \leqslant b \Leftrightarrow -b \leqslant a \wedge a \leqslant b$.

$$\begin{aligned} -(2x-5) \leqslant x-3 \leqslant 2x-5 &\Leftrightarrow -(2x-5) \leqslant x-3 \ \wedge x-3 \leqslant 2x-5 \\ &\Leftrightarrow 5+3 \leqslant\ 3x \ \wedge 5-3 \leqslant 2x-x \\ &\Leftrightarrow \frac{8}{3} \leqslant x \ \wedge 2 \leqslant x \\ &\Leftrightarrow x \in \left[\tfrac{8}{3}, +\infty\right) \cap [2, +\infty) \\ &\Leftrightarrow x \in \left[\tfrac{8}{3}, +\infty\right). \end{aligned}$$

- $b \geqslant 0 \ \wedge \ \big(-b \leqslant a \leqslant b\big)$.

$$\begin{aligned} b \geqslant 0 \ \wedge \ \big(-b \leqslant a \leqslant b\big) &\Leftrightarrow x \in \left[\tfrac{5}{2}, +\infty\right) \cap \left[\tfrac{8}{3}, +\infty\right) \\ &\Leftrightarrow x \in \left[\tfrac{8}{3}, +\infty\right). \end{aligned}$$

□

Exemplo 2.7.11 *Resolver a inequação* $|x|+3 \geqslant 2x$.

Solução. Observe que $|x|+3 \geqslant 2x$ é equivalente a $|x| \geqslant 2x-3$. Agora, usando o item (**ii**) do Teorema 2.7.8, temos

$$\begin{aligned} |x| \geqslant 2x-3 &\Leftrightarrow x \geqslant 2x-3 \vee x \leqslant -(2x-3) \\ &\Leftrightarrow x \leqslant 3 \ \vee \ x \leqslant 1 \\ &\Leftrightarrow x \in (-\infty, 1] \cup (-\infty, 3] \\ &\Leftrightarrow x \in (-\infty, 3]. \end{aligned}$$

□

Teorema 2.7.12 *Sejam* $a, b, x \in \mathbb{R}$. *Se* $a < x < b$, *então* $|x| \leqslant L$, *onde* $L := \max\{|a|, |b|\}$.

Demonstração. Observe que

$$x < b \leqslant |b| \leqslant \max\{|a|, |b|\} \Rightarrow x \leqslant L. \tag{2.7.6}$$

Por outro lado,

$$-\max\{|a|,|b|\} \leqslant -|a| \leqslant a < x \Rightarrow -x \leqslant L. \tag{2.7.7}$$

De (2.7.6) e (2.7.7), segue que $-L \leqslant x \leqslant L$. Pelo item (**iii**) do Teorema 2.7.4 segue que $|x| \leqslant L$. □

Teorema 2.7.13 *Sejam* $x, y \in \mathbb{R}$.
(**i**) $|x| > |y| \Leftrightarrow (x+y)(x-y) > 0$.
(**ii**) $|x| < |y| \Leftrightarrow (x+y)(x-y) < 0$.

Demonstração. (**i**) Pelo Teorema 2.1.17 temos

$$\begin{aligned}|x| > |y| &\Leftrightarrow |x|^2 > |y|^2 \Leftrightarrow x^2 > y^2 \Leftrightarrow x^2 - y^2 > 0\\ &\Leftrightarrow (x-y)(x+y) > 0.\end{aligned}$$

(**ii**) Novamente usando o Teorema 2.1.17 temos

$$\begin{aligned}|x| < |y| &\Leftrightarrow |x|^2 < y|^2 \Leftrightarrow x^2 < y^2 \Leftrightarrow x^2 - y^2 < 0\\ &\Leftrightarrow (x-y)(x+y) < 0.\end{aligned}$$

□

Observação 2.7.14 *O Teorema* 2.7.13 *continua válido se trocarmos o símbolo* $>$ *pelo símbolo* $\geqslant$, *como também se trocarmos* $<$ *por* $\leqslant$.

Exemplo 2.7.15 *Resolver a inequação* $|3x| > |12 - 3x|$.

Solução. Pelo item (**i**) do Teorema 2.7.13 temos

$$\begin{aligned}|3x| > |12-3x| &\Leftrightarrow (3x + 12 - 3x)(3x - (12 - 3x)) > 0\\ &\Leftrightarrow 12(6x - 12) > 0\\ &\Leftrightarrow (6x - 12) > 0\\ &\Leftrightarrow x > 2\\ &\Leftrightarrow x \in (2, +\infty).\end{aligned}$$

□

Exemplo 2.7.16 *Resolver a inequação* $|4x+6| < |x+2|$.

Solução. Pelo item (**ii**) do Teorema 2.7.13 temos

$$\begin{aligned}
|4x+6| < |x+2| &\Leftrightarrow (4x+6+x+2)(4x+6-(x+2)) < 0\\
&\Leftrightarrow (5x+8)(3x+4) < 0\\
&\Leftrightarrow \Big[5x+8 < 0 \wedge 3x+4 > 0\Big] \vee \Big[5x+8 > 0 \wedge 3x+4 < 0\Big]\\
&\Leftrightarrow \Big[x < -\tfrac{8}{5} \wedge x > -\tfrac{4}{3}\Big] \vee \Big[x > -\tfrac{8}{5} \wedge x < -\tfrac{4}{3}\Big]\\
&\Leftrightarrow x \in \varnothing \vee x \in \left(-\tfrac{8}{5}, -\tfrac{4}{3}\right)\\
&\Leftrightarrow x \in \left(-\tfrac{8}{5}, -\tfrac{4}{3}\right).
\end{aligned}$$

□

2.8 Exercícios

1. Mostre que $||x|-|y|| \leqslant |x+y|$ para todo $x, y \in \mathbb{R}$.

2. Mostre que $||x|-|y|| \leqslant \sqrt{|x^2-y^2|}$ para todo $x, y \in \mathbb{R}$.

3. Sejam $x, y \in \mathbb{R}$. Mostre que, se $|x+y| = |x|+|y|$, então
$$|ax+by| = a|x|+b|y|, \ \forall a, b \geqslant 0.$$

4. Sejam $x, y \in \mathbb{R}$. Mostre que $|x|+|y| \leqslant |x+y|+|x-y|$.

5. Sejam $x, y \in \mathbb{R}$. Mostre que $\dfrac{|x+y|}{1+|x+y|} \leqslant \dfrac{|x|}{1+|x|} + \dfrac{|y|}{1+|y|}$.

6. Seja $x \in \mathbb{R}$. Mostre que $|1+x| \leqslant |1+x|^2 + |x|$.

7. Se $x_1, x_2, \cdots, x_n \in \mathbb{R}$, então mostre que
$$|x_1+x_2+\cdots+x_n| \leqslant |x_1|+|x_2|+\cdots+|x_n|.$$

8. Mostre que

   (**i**) $|x|+|y| = |x-y| \Leftrightarrow xy \leqslant 0$.

   (**ii**) $|x|+|y| \geqslant 2\sqrt{|x|}\sqrt{|y|}$.

9. Se $a > 0$, então mostre que:

   (i) $|x| < a \Leftrightarrow -a < x < a$.

   (ii) $|x| > a \Leftrightarrow x > a \vee x < -a$.

10. Sejam $x, y, c \in \mathbb{R}$. Mostre que, se $|x-y| < c$, então $|x| < |y| + c$.

11. Sejam $x, y \in \mathbb{R}$. Se $|x-y| < \varepsilon$, para todo $\varepsilon > 0$, então mostre que $x = y$.

12. Se $x, y \in \mathbb{R}$ tais que $a < x < b$ e $a < y < b$, então mostre que $|x-y| < b-a$.

13. Resolver as seguintes equações:

    (a) $|x-2| = 5$. (b) $|x+4| = 2x-6$.
    (c) $|x+3| = |2x+3|$. (d) $\left|\dfrac{x+8}{x+4}\right| = 3$.

14. Resolver as seguintes inequações:

    (a) $|2x-3| < 1$. (b) $|x-5| \geqslant 3$. (c) $|6-3x| \leqslant 27$
    (d) $1 \leqslant |2x+5| < 9$.

15. Resolver as inequações:

    (a) $|3x-9| < x+1$. (b) $|x-2| \geqslant x-4$.
    (c) $|x-2| > x+2$. (d) $|x^2-4| \leqslant -2x+4$.

2.9 O maior inteiro de um número real

Definição 2.9.1 *O maior inteiro de um número real x, denotado por* $[\![x]\!]$, *define-se como o maior de todos os números inteiros menores ou iguais a x, ou seja,*

$$[\![x]\!] = \max\{n \in \mathbb{Z} : n \leqslant x\}$$

Na prática, para calcular $[\![x]\!]$, localizamos todos os números inteiros que estão à esquerda de x (ou que coincidam com x, caso este seja um inteiro) e o maior de todos estes é precisamente $[\![x]\!]$.

Exemplos.

(**1**) $[\![4,7]\!] = \max\{n \in \mathbb{Z} : n \leqslant 4,7\} = \max\{\cdots, -2, -1, 0, 1, 2, 3, 4\} = 4$, pois 4 é o maior inteiro que está à esquerda de $4,7$ $(4 \leqslant 4,7)$.

(**2**) $[\![2]\!] = \max\{n \in \mathbb{Z} : n \leqslant 2\} = \max\{\cdots, -2, -1, 0, 1, 2\} = 2$, pois 2 é o maior inteiro que está à esquerda de 2 $(2 \leqslant 2)$.

(**3**) $[\![-2,9]\!] = \max\{n \in \mathbb{Z} : n \leqslant -2,9\} = \max\{\cdots, -6, -5, -4, -3\} = -3$, pois -3 é o maior inteiro que está à esquerda de $-2,9$ $(-3 \leqslant -2,9)$.

(**4**) $[\![1-\sqrt{2}]\!] = \max\{n \in \mathbb{Z} : n \leqslant -0,41\} = \max\{\cdots, -4, -3, -2, -1\} = -1$, pois $1-\sqrt{2} \approx -0,41$ e -1 é o maior inteiro que está à esquerda de $-0,41$ $(-1 \leqslant -0,41)$.

Segue da Definição 2.9.1 que $[x] \in \mathbb{Z}$, para todo $x \in \mathbb{R}$ e, se x está entre dois inteiros consecutivos, $n \leqslant x < n+1$, então $[\![x]\!] = n$. Assim,

$$[\![x]\!] = \begin{cases} -2, & \text{se } x \in [-2,-1) \\ -1, & \text{se } x \in [-1,0) \\ 0, & \text{se } x \in [0,1) \\ 1, & \text{se } x \in [1,2) \\ 2, & \text{se } x \in [2,3) \end{cases}$$

Teorema 2.9.2 (Propriedades) (**i**) $[\![x]\!] = x \Leftrightarrow x \in \mathbb{Z}$.

(**ii**) $[\![x]\!] = n \Leftrightarrow \big[n \in \mathbb{Z} \wedge n \leqslant x < n+1\big]$.

(**iii**) $[\![x]\!] \leqslant x < [\![x]\!] + 1$, *para todo* $x \in \mathbb{R}$.

(**iv**) $0 \leqslant x - [\![x]\!] < 1$, *para todo* $x \in \mathbb{R}$.

(**v**) $[\![\, [\![x]\!] \,]\!] = [\![x]\!]$, *para todo* $x \in \mathbb{R}$.

Demonstração. (**i**) A demonstração é imediata.

(**ii**) $\Rightarrow]$ $[\![x]\!] = n \Rightarrow \big[n \in \mathbb{Z} \wedge n \leqslant x < n+1\big]$.

Se $x = n$, então $n \in \mathbb{Z}$ e daí $n \leqslant n$ e $n < n+1$. Assim, $n \leqslant x < n+1$.

$\Leftarrow]$ $n \in \mathbb{Z} \wedge n \leqslant x < n+1 \Rightarrow [\![x]\!] = n$.

Se $n \in \mathbb{Z} \wedge n \leqslant x < n+1$, então $[\![x]\!] = n$, pois $n \leqslant x$ e n é o maior de todos os inteiros n tais que $n \leqslant x$ já que $n < n+1$.

(**iii**) Por definição, $[\![x]\!]$ é o maior inteiro menor ou igual a x, i.e., $[\![x]\!] \leqslant x$.

Afirmamos que $[\![x]\!]+1>x$. De fato, suponhamos que isso não acontece, ou seja, $[\![x]\!]+1\leqslant x$. Disso segue que $[\![x]\!]+1\in\mathbb{Z}$ e $[\![x]\!]+1\leqslant x$. Logo

$$[\![x]\!]+1\leqslant[\![x]\!]\Leftrightarrow 1\leqslant 0 \text{ (absurdo)}.$$

Portanto, $[\![x]\!]\leqslant x<[\![x]\!]+1$, $\forall x\in\mathbb{R}$.

(**iv**) De (**iii**) segue que

$$\begin{aligned}[\![x]\!]\leqslant x<[\![x]\!]+1 &\Leftrightarrow [\![x]\!]-[\![x]\!]\leqslant x-[\![x]\!]<[\![x]\!]+1-[\![x]\!]\\ &\Leftrightarrow 0\leqslant x-[\![x]\!]<1.\end{aligned}$$

(**v**) Seja $x\in\mathbb{R}$. Então $[\![x]\!]=n\in\mathbb{Z}$, por definição. Assim

$$[\![\,[\![x]\!]\,]\!]=[\![n]\!]=n=[\![x]\!].$$

□

Exemplo 2.9.3 *Calcule* $\left[\!\!\left[\frac{\pi}{1+\sqrt{2}}\right]\!\!\right]$

Solução. Como $1<\sqrt{2}<2$, segue que

$$\begin{aligned}2<1+\sqrt{2}<3 &\Leftrightarrow \tfrac{1}{3}<\tfrac{1}{1+\sqrt{2}}<\tfrac{1}{2}\\ &\Leftrightarrow \tfrac{\pi}{3}<\tfrac{\pi}{1+\sqrt{2}}<\tfrac{\pi}{2}\end{aligned}$$

Agora, como $3\leqslant\pi<4$, segue que

$$\begin{aligned}\tfrac{\pi}{3}<\tfrac{\pi}{1+\sqrt{2}}<\tfrac{\pi}{2} &\Leftrightarrow \tfrac{3}{3}\leqslant\tfrac{\pi}{1+\sqrt{2}}<\tfrac{4}{2}\\ &\Leftrightarrow 1\leqslant\tfrac{\pi}{1+\sqrt{2}}<2\\ &\Leftrightarrow \left[\!\!\left[\tfrac{\pi}{1+\sqrt{2}}\right]\!\!\right]=1,\end{aligned}$$

onde, na última equivalência, temos usado o item (**ii**) do Teorema 2.9.2. □

Exemplo 2.9.4 *Resolver a equação* $[\![x+2]\!]=6$.

Solução. Pelo item (**ii**) do Teorema 2.9.2, temos

$$\begin{aligned}[\![x+2]\!] = 6 &\Leftrightarrow 6 \leqslant x+2 < 7\\ &\Leftrightarrow 4 \leqslant x < 5\\ &\Leftrightarrow x \in [4,5).\end{aligned}$$

□

Exemplo 2.9.5 *Resolver a equação* $[\![\,|x|-2x]\!] = 0$.

Solução. Pelo item (**ii**) do Teorema 2.9.2, temos

$$\begin{aligned}[\,|x|-2x] = 0 &\Leftrightarrow 0 \leqslant |x|-2x < 1\\ &\Leftrightarrow 2x \leqslant |x| < 1+2x\\ &\Leftrightarrow 2x \leqslant |x| \;\wedge\; |x| < 1+2x \qquad (2.9.1)\end{aligned}$$

Resolvendo

$$\begin{aligned}|x| \geqslant 2x &\Leftrightarrow x \geqslant 2x \vee x \leqslant -2x\\ &\Leftrightarrow x \leqslant 0 \vee x \leqslant 0\\ &\Leftrightarrow x \in (-\infty, 0]. \qquad (2.9.2)\end{aligned}$$

$$\begin{aligned}|x| < 1+2x &\Leftrightarrow 1+2x \geqslant 0 \wedge [-(1+2x) < x < 1+2x]\\ &\Leftrightarrow x \geqslant -\tfrac{1}{2} \wedge [-1-2x < x \wedge x < 1+2x]\\ &\Leftrightarrow x \geqslant -\tfrac{1}{2} \wedge \big(-\tfrac{1}{3} < x \wedge -1 < x\big)\\ &\Leftrightarrow x \in [-\tfrac{1}{2}, +\infty) \wedge x \in (-\tfrac{1}{3}, +\infty)\\ &\Leftrightarrow x \in (-\tfrac{1}{3}, +\infty) \qquad (2.9.3)\end{aligned}$$

Usando (2.9.2) e (2.9.3) na Equação (2.9.1) obtemos

$$\begin{aligned}[|x|-2x] = 0 &\Leftrightarrow 0 \leqslant |x|-2x < 1\\ &\Leftrightarrow 2x \leqslant |x| < 1+2x\\ &\Leftrightarrow 2x \leqslant |x| \;\wedge\; |x| < 1+2x\\ &\Leftrightarrow x \in (-\infty, 0] \wedge x \in (-\tfrac{1}{3}, +\infty)\\ &\Leftrightarrow x \in (-\tfrac{1}{3}, 0].\end{aligned}$$

□

Exemplo 2.9.6 *Resolver a equação* $[\![2x-1]\!]=-3$

Solução. Pelo item (**ii**) do Teorema 2.9.2, temos

$$\begin{aligned}[\![2x-1]\!]=-3 &\Leftrightarrow -3\leqslant 2x-1<-2\\ &\Leftrightarrow -2\leqslant 2x<-1\\ &\Leftrightarrow -1\leqslant x<-\tfrac{1}{2}\\ &\Leftrightarrow x\in[-1,-\tfrac{1}{2}).\end{aligned}$$

□

Exemplo 2.9.7 *Resolver* $[\![3x]\!]=x+2.$

Solução. Pelo item (**ii**) do Teorema 2.9.2, temos

$$\begin{aligned}[\![3x]\!]=x+2 &\Leftrightarrow x+2\in\mathbb{Z}\wedge(x+2\leqslant 3x<x+2+1)\\ &\Leftrightarrow x+2\in\mathbb{Z}\wedge 2\leqslant 2x<3\\ &\Leftrightarrow x+2\in\mathbb{Z}\wedge 1\leqslant x<\tfrac{3}{2}\\ &\Leftrightarrow x+2\in\mathbb{Z}\wedge 3\leqslant x+2<\tfrac{7}{2}.\end{aligned}$$

Como $x+2\in\mathbb{Z}$ e $x+2\in[3,\frac{7}{2})$, segue que $x+2=3$, ou seja, $x=1$. □

Exemplo 2.9.8 *Resolver a equação* $[\![5x]\!]=3x+2.$

Solução. Pelo item (**ii**) do Teorema 2.9.2, temos

$$\begin{aligned}[\![5x]\!]=3x+2 &\Leftrightarrow 3x+2\in\mathbb{Z}\wedge(3x+2\leqslant 5x<3x+2+1)\\ &\Leftrightarrow 3x+2\in\mathbb{Z}\wedge(3x+2\leqslant 5x<3x+3)\\ &\Leftrightarrow 3x+2\in\mathbb{Z}\wedge\ 2\leqslant 2x<3\\ &\Leftrightarrow 3x+2\in\mathbb{Z}\wedge\ 1\leqslant x<\tfrac{3}{2}\\ &\Leftrightarrow 3x+2\in\mathbb{Z}\wedge\ 3\leqslant 3x<\tfrac{9}{2}\\ &\Leftrightarrow 3x+2\in\mathbb{Z}\wedge 5\leqslant 3x+2<\tfrac{13}{2}.\end{aligned}$$

Disto, segue que $3x+2=5$ ou $3x+2=6$, i.e., $x=1$ ou $x=\frac{4}{3}$. □

Teorema 2.9.9 *Seja $x \in \mathbb{R}$. Então $[\![x+n]\!] = [\![x]\!] + n$, para todo $n \in \mathbb{Z}$*

Demonstração. Seja $[\![x]\!] = k$. Então

$$\begin{aligned} [\![x]\!] = k &\Leftrightarrow k \leqslant x < k+1 \\ &\Leftrightarrow k+n \leqslant x+n < k+n+1 \\ &\Leftrightarrow [\![x+n]\!] = k+n = [\![x]\!] + n. \end{aligned}$$

□

Exemplo 2.9.10 *Resolver a equação $[\![3x+2]\!] = 5$.*

Solução. Usando o Teorema 2.9.9, temos

$$\begin{aligned} [\![3x+2]\!] = 5 &\Leftrightarrow [\![3x]\!] + 2 = 5 \\ &\Leftrightarrow [\![3x]\!] = 3 \Leftrightarrow 3 \leqslant 3x < 4 \\ &\Leftrightarrow 1 \leqslant x < \tfrac{4}{3} \\ &\Leftrightarrow x \in [3, \tfrac{4}{3}). \end{aligned}$$

□

Exemplo 2.9.11 *Determine o conjunto $M = \Big\{[\![3x-1]\!] : x \in [0,1]\Big\}$.*

Solução. Seja $x \in [0,1]$. Então

$$0 \leqslant x \leqslant 1 \Leftrightarrow -1 \leqslant 3x-1 \leqslant 2.$$

Analisemos os seguintes casos:

- $-1 \leqslant 3x-1 < 0$.

  Neste caso $[\![3x-2]\!] = -1$.
- $0 \leqslant 3x-1 < 1$

  Neste caso $[\![3x-2]\!] = 0$.
- $1 \leqslant 3x-1 < 2$

  Neste caso $[\![3x-2]\!] = 1$.
- $3x-1 = 2$

  Neste caso $[\![3x-2]\!] = 2$.

Portanto, o conjunto $M = \{-1, 0, 1, 2\}$. □

Teorema 2.9.12 *Para todo* $n \in \mathbb{Z}$.

(**i**) $[\![x]\!] \geqslant n \Leftrightarrow x \geqslant n$.

(**ii**) $[\![x]\!] < n \Leftrightarrow x < n$.

(**iii**) $[\![x]\!] \leqslant n \Leftrightarrow x < n+1$.

(**iv**) $[\![x]\!] > n \Leftrightarrow [\![x]\!] \geqslant n+1 \Leftrightarrow x \geqslant n+1$.

Demonstração. (**i**) $\Rightarrow]$ $[\![x]\!] \geqslant n \Rightarrow x \geqslant n$.

Do item (**iii**) do Teorema 2.9.2, temos $[\![x]\!] \leqslant x < [\![x]\!] + 1$. Usando a hipótese, segue que $n \leqslant x$.

$\Leftarrow]$ $x \geqslant n \Rightarrow [\![x]\!] \geqslant n$.

Da hipótese, temos $n \in \mathbb{Z}$ e $n \leqslant x$. Logo, $n \leqslant [x]$.

(**ii**) $\Rightarrow]$ $[\![x]\!] < n \Rightarrow x < n$.

Usando a notação $[\![x]\!] = k$, temos $k \leqslant x < k+1$. Da hipótese, segue que $k < n$. Por outro lado, $x < k+1$. Assim, temos $k < n \wedge x < k+1$.

Suponhamos que $k+1 > n$. Então, $k+1 > n > k$. Daí, $1 > n-k > 0$. Absurdo, já que não existe inteiro entre 0 e 1. Logo, $k+1 \leqslant n$. Daí, $x < n$.

$\Leftarrow]$ $x < n \Rightarrow [\![x]\!] < n$

Pelo item (**ii**) do Teorema 2.9.2, temos

$$[\![x]\!] = k \Leftrightarrow k \leqslant x < k+1.$$

Usando a hipótese e $k \leqslant x$, temos

$$\begin{aligned} x < n \ \wedge \ k \leqslant x &\Leftrightarrow k \leqslant x \wedge \ x < n \\ &\Leftrightarrow k \leqslant x < n. \end{aligned}$$

Disso segue que $k < n$. Portanto, $[\![x]\!] < n$.

(**iii**) $[x] \leqslant n \Leftrightarrow x < n+1$.

$\Rightarrow]$ $[x] \leqslant n \Rightarrow x < n+1$.

Observe que $[\![x]\!] \leqslant n$, então $[\![x]\!] < n \vee [\![x]\!] = n$

• Se $[\![x]\!] < n$, segue do item (**ii**) do Teorema 2.9.12 que $x < n$. Como $n < n+1$, segue que $x < n < n+1$. Logo, $x < n+1$.

• Se $[\![x]\!] = n$, segue que $n \leqslant x < n+1$, daí $x < n+1$.

Portanto, $x < n+1$.

$\Leftarrow]$ $x < n+1 \Rightarrow [\![x]\!] \leqslant n$.

Da hipótese $x < n+1$, e de fato, de $[\![x]\!] \leqslant x$, segue que $[\![x]\!] < n+1$.

Suponhamos que $[\![x]\!] > n$, então

$$n+1 > [\![x]\!] > n \Rightarrow 0 < [\![x]\!] - n < 1.$$

Isso nos dá um absurdo. Portanto,$[\![x]\!] \leqslant n$.

(**iv**) $[\![x]\!] > n \Leftrightarrow [\![x]\!] \geqslant n+1$.

$\Rightarrow]$ $[\![x]\!] > n \Rightarrow [\![x]\!] \geqslant n+1$.

Suponhamos que $[\![x]\!] < n+1$. Então, usando a hipótese, temos

$$n < [\![x]\!] < n+1 \Rightarrow n \leqslant [\![x]\!] < n+1 \Leftrightarrow [\![x]\!] = n.$$

Isso contradiz a hipótese. Portanto, $[\![x]\!] \geqslant n+1$.

$\Leftarrow]$ $[\![x]\!] \geqslant n+1 \Leftrightarrow [\![x]\!] > n$.

Como $n+1 > n$, segue que $[\![x]\!] \geqslant n+1 > n$. Logo, $[\![x]\!] > n$.

A demonstração de $[\![x]\!] \geqslant n+1 \Leftrightarrow x \geqslant n+1$ segue do item (**i**) do Teorema 2.9.12.

□

Exemplo 2.9.13 *Resolver a inequação* $[\![x^2-2]\!] \geqslant 7$.

Solução. Pelo item (**i**) do Teorema 2.9.12, temos

$$\begin{aligned}
[\![x^2-2]\!] \geqslant 7 &\Leftrightarrow x^2-2 \geqslant 7 \Leftrightarrow x^2-9 \geqslant 0\\
&\Leftrightarrow (x-3)(x+3) \geqslant 0\\
&\Leftrightarrow \Big[x-3 \geqslant 0 \wedge x+3 \geqslant 0\Big] \vee \Big[x-3 \leqslant 0 \wedge x+3 \leqslant 0\Big]\\
&\Leftrightarrow [x \geqslant 3 \wedge x \geqslant -3] \vee [x \leqslant 3 \wedge x \leqslant -3]\\
&\Leftrightarrow x \geqslant 3 \vee x \leqslant -3\\
&\Leftrightarrow x \in (-\infty, -3] \cup [3, +\infty).
\end{aligned}$$

□

Exemplo 2.9.14 *Resolver a inequação* $\dfrac{[\![|x-1|+4]\!]}{3} < 2$.

Solução. Observe que

$$\frac{[\![|x-1|+4]\!]}{3} < 2 \Leftrightarrow [\![|x-1|+4]\!] < 6.$$

Agora, pelo item (**ii**) do Teorema 2.9.12, temos

$$\begin{aligned}[\![|x-1|+4]\!] < 6 &\Leftrightarrow |x-1|+4 < 6 \Leftrightarrow |x-1| < 2\\ &\Leftrightarrow -2 < x-1 < 2\\ &\Leftrightarrow -1 < x < 3\\ &\Leftrightarrow x \in (-1,3).\end{aligned}$$

□

Exemplo 2.9.15 *Resolver a inequação* $[\![-x]\!] > 0$.

Solução. Pelo item (**iv**) do Teorema 2.9.12, temos

$$[\![-x]\!] > 0 \Leftrightarrow [\![-x]\!] \geqslant 1$$

Agora, usando o item (**i**) do Teorema 2.9.12, obtemos

$$[\![-x]\!] > 0 \Leftrightarrow [\![-x]\!] \geqslant 1 \Leftrightarrow -x \geqslant 1 \Leftrightarrow x \leqslant -1.$$

□

Exemplo 2.9.16 *Resolver a inequação* $[\![\frac{1}{x-3}]\!] \leqslant 1$.

Solução. Pelo item (**iii**) do Teorema 2.9.12, temos

$$\begin{aligned}[\![\tfrac{1}{x-3}]\!] \leqslant 1 &\Leftrightarrow \frac{1}{x-3} < 2 \Leftrightarrow \frac{1}{x-3} - 2 < 0\\ &\Leftrightarrow \frac{-2x+7}{x-3} < 0 \Leftrightarrow \frac{2x-7}{x-3} > 0\\ &\Leftrightarrow \Big[2x-7 > 0 \wedge x-3 > 0\Big] \vee \Big[2x-7 < 0 \wedge x-3 < 0\Big]\\ &\Leftrightarrow [x > \tfrac{7}{2} \wedge x > 3] \vee [x < \tfrac{7}{2} \wedge x < 3]\\ &\Leftrightarrow x > \tfrac{7}{2} \vee x < 3\\ &\Leftrightarrow x \in (-\infty, 3) \cup (\tfrac{7}{2}, +\infty).\end{aligned}$$

□

Exemplo 2.9.17 *Resolver a seguinte inequação*

$$2\llbracket x-1\rrbracket^2+5\llbracket x\rrbracket \leqslant 17.$$

Solução. Como $\llbracket x-1\rrbracket = \llbracket x\rrbracket - 1$, então nossa inequação se transforma em

$$\begin{aligned}
2\llbracket x-1\rrbracket^2+5\llbracket x\rrbracket \leqslant 17 &\Leftrightarrow 2(\llbracket x\rrbracket-1)^2+5\llbracket x\rrbracket \leqslant 17\\
&\Leftrightarrow 2\llbracket x\rrbracket^2+\llbracket x\rrbracket-15\leqslant 0\\
&\Leftrightarrow (2\llbracket x\rrbracket-5)(\llbracket x\rrbracket+3)\leqslant 0\\
&\Leftrightarrow \Big[2\llbracket x\rrbracket-5\geqslant 0 \wedge \llbracket x\rrbracket+3\leqslant \Big]\vee\Big[2\llbracket x\rrbracket-5\leqslant 0\wedge \llbracket x\rrbracket+3\geqslant 0\Big]\\
&\Leftrightarrow \Big[\llbracket x\rrbracket\geqslant \tfrac{5}{2}\wedge \llbracket x\rrbracket\leqslant -3\Big]\vee\Big[\llbracket x\rrbracket\leqslant\tfrac{5}{2}\wedge\llbracket x\rrbracket\geqslant -3\Big]\\
&\Leftrightarrow \varnothing\vee\Big[\llbracket x\rrbracket\leqslant\tfrac{5}{2}\wedge\llbracket x\rrbracket\geqslant -3\Big]\\
&\Leftrightarrow -3\leqslant\llbracket x\rrbracket\wedge\llbracket x\rrbracket\leqslant\tfrac{5}{2}<3.
\end{aligned}$$

Agora:

$$\llbracket x\rrbracket\geqslant -3\Leftrightarrow x\geqslant -3 \text{ (item (i) do Teorema 2.9.12)}$$
$$\llbracket x\rrbracket < 3\Leftrightarrow x<3 \text{ (item (ii) do Teorema 2.9.12).}$$

Portanto, $-3\leqslant x\wedge x<3$, i.e., $x\in[-3,3)$. □

Exemplo 2.9.18 *Resolver a inequação:*

$$\frac{|6-x|-3}{3-\llbracket x\rrbracket^2}<0.$$

Pela regra dos sinais II temos

$$\begin{aligned}
\frac{|6-x|-3}{3-\llbracket x\rrbracket^2}<0 &\Leftrightarrow \Big[|6-x|-3>0\wedge 3-\llbracket x\rrbracket^2<0\Big]\\
&\qquad\vee\Big[|6-x|-3<0\wedge 3-\llbracket x\rrbracket^2>0\Big]\\
&\Leftrightarrow\Big[|6-x|>3\wedge\llbracket x\rrbracket^2>3\Big]\vee\Big[|6-x|<3\wedge\llbracket x\rrbracket^2<3\Big]\\
&\Leftrightarrow\Big[|6-x|>3\wedge\big|\llbracket x\rrbracket\big|>3\Big]\vee\Big[|6-x|<3\wedge\big|\llbracket x\rrbracket\big|<3\Big]. \qquad (2.9.4)
\end{aligned}$$

Resolvendo:

$$\begin{aligned} |6-x| > 3 &\Leftrightarrow 6-x > 3 \vee 6-x < -3 \\ &\Leftrightarrow x < 3 \ \vee x > 9. \end{aligned} \tag{2.9.5}$$

$$\begin{aligned} |6-x| < 3 &\Leftrightarrow -3 < 6-x < 3 \\ &\Leftrightarrow -9 < -x < -3 \\ &\Leftrightarrow 3 < x < 9. \end{aligned} \tag{2.9.6}$$

$$\begin{aligned} |\,[\![x]\!]\,| > \sqrt{3} &\Leftrightarrow [\![x]\!] > \sqrt{3} \vee [\![x]\!] < -\sqrt{3} \\ &\Leftrightarrow [\![x]\!] < -\sqrt{3} < -1 \ \vee \ [\![x]\!] > \sqrt{3} > 1 \\ &\Leftrightarrow [\![x]\!] < -1 \ \vee \ [\![x]\!] > 1 \\ &\Leftrightarrow [\![x]\!] < -1 \ \vee \ [\![x]\!] \geqslant 2 \\ &\Leftrightarrow x < -1 \ \vee \ x \geqslant 2. \end{aligned} \tag{2.9.7}$$

$$\begin{aligned} |\,[\![x]\!]\,| < \sqrt{3} &\Leftrightarrow -\sqrt{3} < [\![x]\!] < \sqrt{3} \\ &\Leftrightarrow -2 < -\sqrt{3} < [\![x]\!] < \sqrt{3} < 2 \\ &\Leftrightarrow -2 < [\![x]\!] < 2 \\ &\Leftrightarrow -1 \leqslant x < 2. \end{aligned} \tag{2.9.8}$$

Substituindo (2.9.5), (2.9.6), (2.9.7) e (2.9.8) em (2.9.4), obtemos

$$\begin{aligned} \frac{|6-x|-3}{3-[\![x]\!]^2} < 0 &\Leftrightarrow \Big[|6-x| > 3 \wedge |[\![x]\!]| > 3\Big] \vee \Big[|6-x| < 3 \wedge |[\![x]\!]| < 3\Big] \\ &\Leftrightarrow \Big[(x < 3 \vee x > 9) \wedge (x < -1 \ \vee \ x \geqslant 2)\Big] \\ &\quad \vee \Big[(3 < x < 9) \wedge (-1 \leqslant x < 2)\Big] \\ &\Leftrightarrow x \in (-\infty, -1) \cup [2,3) \cup (9, +\infty) \vee x \in \varnothing \\ &\Leftrightarrow x \in (-\infty, -1) \cup [2,3) \cup (9, +\infty). \end{aligned}$$

□

Exemplo 2.9.19 *Resolver a inequação* $[\![x+1]\!] > |x|$.

Solução. Como $[\![x+1]\!] = [\![x]\!] + 1$ e $|x| \geqslant 0$, então

$$\begin{aligned}
[\![x+1]\!] > |x| &\Leftrightarrow [\![x]\!] + 1 > |x| \Leftrightarrow [\![x]\!] + 1 \geqslant 0 \\
&\Leftrightarrow [\![x]\!] \geqslant -1 \Leftrightarrow [\![x]\!] \geqslant 0 \,(\text{pelo item } \textbf{(iv)} \text{ do Teorema 2.9.12}) \\
&\Leftrightarrow x \geqslant 0 \,(\text{pelo item } \textbf{(i)} \text{ do Teorema 2.9.12}) \\
&\Leftrightarrow x \in [0, +\infty).
\end{aligned}$$

□

Exemplo 2.9.20 *Resolver a inequação* $[\![x]\!] > \frac{x}{2}$.

Solução. Vamos ver os seguintes casos:
(**i**) Se $x \in [0,1)$, então $[\![x]\!] = 0 > \frac{x}{2} = 0$. Absurdo. Logo, $x \notin [0,1)$.
(**ii**) Se $x \geqslant 1$, então $x \in [n, n+1)$, $n \in \mathbb{Z}$, $n \geqslant 1$. Logo

$$[\![x]\!] = n \ \wedge \ \tfrac{x}{2} \in \left[\tfrac{n}{2}, \tfrac{n+1}{2}\right). \tag{2.9.9}$$

Agora,

$$n \in \mathbb{Z},\ n \geqslant 1 \Leftrightarrow \tfrac{n+1}{2} \leqslant n.$$

Voltando a (2.9.9), temos

$$\tfrac{x}{2} < \tfrac{n+1}{2} \leqslant n = [\![x]\!] \Leftrightarrow \tfrac{x}{2} < [\![x]\!].$$

Portanto, $[\![x]\!] > \dfrac{x}{2}$, para todo $x \geqslant 1$.
(**iii**) Se $x < 0$, então $x < \frac{x}{2}$. Como $x \geqslant [\![x]\!] > \frac{x}{2}$, segue que $x > \frac{x}{2}$. Absurdo. Logo $x \notin (-\infty, 0)$.

Portanto, de (**i**), (**ii**) e (**iii**), segue que $x \in [1, +\infty)$. □

Teorema 2.9.21 *Para todo* $x, y \in \mathbb{R}$ *vale*

$$[\![x]\!] + [\![y]\!] \leqslant [\![x+y]\!].$$

Demonstração. Denotemos por $[\![x]\!] = n$ e $[\![y]\!] = m$. Então, temos

$$n \leqslant x < n+1 \ \wedge \ m \leqslant y < m+1 \Rightarrow n+m \leqslant x+y < n+m+2.$$

Agora, usando o lado esquerdo da última desigualdade, item (**i**) do Teorema 2.9.12, temos

$$n+m \leqslant x+y \leqslant [\![x+y]\!].$$

Isso mostra que $[\![x]\!] + [\![y]\!] \leqslant [\![x+y]\!]$. □

Teorema 2.9.22 *Sejam $x, y \in \mathbb{R}$. Se $x \leqslant y$, então $[\![x]\!] \leqslant [\![y]\!]$.*

Demonstração. Sabemos que $[\![x]\!] \leqslant x$ e, por hipótese, $x \leqslant y$. Logo, $[x] \leqslant y$. Também sabemos que $[\![y]\!] \leqslant y < [\![y]\!] + 1$. Assim, $[\![x]\!] < [\![y]\!] + 1$.

Suponhamos $[\![x]\!] > [\![y]\!]$. Como $[\![x]\!] \leqslant x < x+1$, segue que $x > [\![y]\!]$. Logo, $x > y$. Absurdo, pois isso contradiz a hipótese. Portanto, $[\![x]\!] \leqslant [\![y]\!]$. □

2.10 Exercícios

1. Encontre o valor de

   (a) $[\![\pi+1]\!]$. (b) $[\![\frac{\sqrt{5}+1}{3}]\!]$ (c) $[\![\frac{3}{\sqrt{6}+1}]\!]$ (d) $[\![\frac{3-2\pi}{\pi+1}]\!]$

2. Calcule $[\![A]\!]$, onde $A = \frac{1}{\sqrt{2}} + \frac{1}{\sqrt{3}} + \cdots + \frac{1}{\sqrt{10000}}$.

3. Mostre que, para todo $x \in \mathbb{R}$, $x - 1 < [\![x]\!] \leqslant x$.

4. Mostre que:

   (a) $[\![-x]\!] = -[\![x]\!] \Leftrightarrow x \in \mathbb{Z}$. (b) $[\![-x]\!] = -[\![x]\!] - 1 \Leftrightarrow x \notin \mathbb{Z}$

   (c) $[\![x + [\![x]\!]]\!] = 2[\![x]\!]$ (d) $[\![2x]\!] - 2[\![x]\!] = 0$ ou 1.

5. Se $x \in [-1, 1]$, então encontre o valor de $[\![\frac{|x|-2}{3-x}]\!]$.

6. Determine os elementos do conjunto $M = \left\{[\![2x-1]\!] : x \in [0,1]\right\}$.

7. Resolver as equações

(a) $\left[\!\left[\frac{2x-3}{4}\right]\!\right] = -2.$ (b) $\left[\!\left[\frac{3x+1}{3-2x}\right]\!\right] = 2.$ (c) $\left[\!\left[\frac{1+x}{x}\right]\!\right] = 3$

(d) $\left[\!\left[\frac{[\![x+1]\!]}{2}\right]\!\right] = 1.$

8. Resolver as equações

(a) $[\![3x]\!] = 2x+2.$ (b) $[\![5x]\!] = 2x+1.$ (c) $[\![5x-2]\!] = 3x.$

(d) $[\![x]\!]^2 - [\![x]\!] - 6 = 0.$

9. Resolver as inequações

(a) $2[\![x]\!] + [\![x-5]\!] \geqslant \frac{7}{2}.$ (b) $[\![\sqrt{x-1} - \frac{3}{2}]\!] < \frac{116}{21}.$

(c) $[\![x^2 - 2|x| - 16]\!] \geqslant \frac{50}{7}.$ (d) $\big|[\![2x]\!] - 1\big| < 3.$

10. Resolver as inequações

(a) $[\![2x^2 + 5x - 1]\!] \leqslant 1.$ (b) $[\![2x^2 + 5x - 1]\!] < 1.$

(c) $[\![2x^2 + 5x - 1]\!] \geqslant 1.$ (d) $[\![2x^2 + 5x - 1]\!] > 1.$

Capítulo 3

Os números reais: completude

Nada do que foi feito até agora nos permite distinguir $\mathbb{R}$ de $\mathbb{Q}$, pois os números racionais também formam um corpo ordenado. Acabaremos agora nossa caracterização de $\mathbb{R}$, descrevendo-o como um corpo ordenado completo, propriedade que $\mathbb{Q}$ não possui.

3.1 Cotas superiores e inferiores

Definição 3.1.1 *Seja $X \subset \mathbb{R}$ não vazio.*
(**i**) *Dizemos que X é* **limitado superiormente** *quando existe $b \in \mathbb{R}$ tal que $x \leqslant b$, para todo $x \in X$. O número b é chamado de* cota superior *de X.*
(**ii**) *Dizemos que X é* **limitado inferiormente** *quando existe $a \in \mathbb{R}$ tal que $a \leqslant x$, para todo $x \in X$. O número a é chamado de* cota inferior *de X.*
(**iii**) *Dizemos que X é* **limitado** *se é limitado superior e inferiormente, ou seja, se existem $a, b \in \mathbb{R}$ tais que $a \leqslant x \leqslant b$, para todo $x \in X$.*

Proposição 3.1.2 *Seja $X \subset \mathbb{R}$ não vazio. X é limitado se, e somente se, existe $L > 0$ tal que*

$$|x| \leqslant L, \ \forall x \in X.$$

Demonstração. $\Rightarrow]$ Se X é limitado, então existe $L > 0$ tal que $|x| \leqslant L, \ \forall x \in X$.

De fato, sendo X limitado, então existem $a, b \in \mathbb{R}$ tais que $a \leqslant x \leqslant b$, $\forall x \in X$. Do Teorema 2.7.12, segue que $|x| \leqslant L$, $\forall x \in X$, onde $L = \max\{|a|, |b|\}$.

$\Leftarrow$] Se existe $L > 0$ tal que $|x| \leqslant L$, $\forall x \in X$, então X é limitado.

Como

$$|x| \leqslant L \Leftrightarrow -L \leqslant x \leqslant L,$$

basta tomar $a = -L$ e $b = L$. Assim, temos $a \leqslant x \leqslant b$, para todo $x \in X$. Logo, X é limitado. □

Exemplo 3.1.3 *Seja* $X = \{5, 6, 7, 8\} \subset \mathbb{R}$. *O conjunto* X *é limitado.*

Solução. O número 8 e todos os números reais maiores que 8 são cotas superiores de X, pois $x \leqslant 8$, para todo $x \in X$. Logo, o conjunto X é limitado superiormente.

Por outro lado, o número 5 e todos os números reais menores que 5 são cotas inferiores de X, pois $4 \leqslant x$, para todo $x \in X$. Logo, o conjunto X é limitado inferiormente.

Portanto, X é limitado, pois existem 5 e 8 tal que $4 \leqslant x \leqslant 8$, para todo $x \in X$. □

Exemplo 3.1.4 *Seja* $X = \left\{3 + \frac{1}{n} : n \in \mathbb{N}\right\}$. *Mostre que o conjunto* X *é limitado.*

Solução. O conjunto X, escrito por extensão, é

$$X = \left\{4, \frac{7}{2}, \frac{10}{3}, \frac{13}{4}, \cdots\right\}.$$

Observe que $3 + \frac{1}{n} \geqslant 3$, para todo $n \in \mathbb{N}$, i.e., $x \geqslant 3$, para todo $x \in X$.

Por outro lado, $3 + \frac{1}{n} \leqslant 4$, i.e., $x \leqslant 4$, para todo $x \in X$. Assim,

$$3 \leqslant 3 + \frac{1}{n} \leqslant 4, \ \forall n \in \mathbb{N}.$$

Logo $3 \leqslant x \leqslant 4$, para todo $x \in X$, i.e., X é limitado. □

Definição 3.1.5 *Seja* $\varnothing \neq X \subset \mathbb{R}$ *limitado superiormente. A* **menor das cotas superiores** *é chamada de o* **supremo** *de* X *e denotada por* $\sup(X)$. *Em outras palavras,* $b = \sup(X)$ *se*

($\mathbf{S}_1$) $x \leqslant b,\ \forall x \in X$.

($\mathbf{S}_2$) *Se* $c \in \mathbb{R}$ *é tal que* $x \leqslant c,\ \forall x \in X$ *então* $b \leqslant c$.

A condição (S_2) admite a seguinte reformulação:

(S_2') Se $c < b$, então existe $x \in X$ com $c < x$.

A condição (S_2') diz que nenhum número real menor do que b pode ser cota superior de X. Às vezes (S_2') escreve-se assim:

$$\forall \varepsilon > 0, \exists x_\varepsilon \in X : b - \varepsilon < x_\varepsilon.$$

Portanto, temos a seguinte caracterização para o supremo de X.

Se $\emptyset \neq X \subset \mathbb{R}$ é limitado superiormente, então

$$b = \sup(X) \Leftrightarrow \begin{cases} (\mathbf{i})\ x \leqslant b, \forall x \in X, \\ (\mathbf{ii})\ \forall \varepsilon > 0, \exists x_\varepsilon \in X : b - \varepsilon < x_\varepsilon \leqslant b. \end{cases}$$

Geometricamente, isso significa que, para qualquer distância $\varepsilon > 0$ que se considere, por menor que seja, então entre os pontos $b - \varepsilon$ e b sempre é possível achar um elemento x_ε (ao menos um) do conjunto X. Esse elemento x_ε pode coincidir com b.

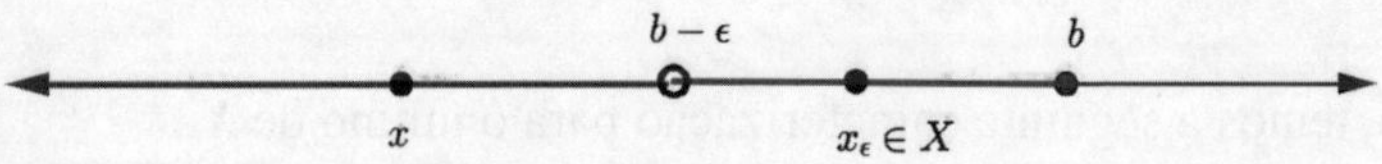

Figura 3.1: $b = \sup(X)$.

Exemplo 3.1.6 *Dado* $X = \left\{2 - \frac{1}{n} : n \in \mathbb{N}\right\}$, *encontre* $\sup(X)$.

Solução. O conjunto X, escrito por extensão, é $X = \left\{1, \frac{3}{2}, \frac{5}{3}, \frac{7}{4}, \cdots\right\}$.

Observe que $2 - \frac{1}{n} \leqslant 2$, para todo $n \in \mathbb{N}$, i.e., $x \leqslant 2$ para todo $x \in X$. Assim, 2 e os números maiores que 2 são cotas superiores de X.

Afirmamos que 2 é a menor das cotas superiores de X.

De fato, suponhamos que $\beta \in \mathbb{R}$ é uma cota superior de X, i.e., $x \leqslant \beta$, para todo $x \in X$.

Claramente vemos que $\beta > 1$, pois $1 + \frac{1}{n} < 2$, i.e.,

$$1 < 2 - \tfrac{1}{n} = x \leqslant \beta.$$

Suponhamos que $\beta < 2$, então $\alpha := \frac{\beta+2}{2} < 2$ é tal que $\alpha \in \mathbb{R}$ e $1 < \beta < \alpha < 2$. Assim, $\alpha \in X$. Logo, temos um absurdo, já que β é cota superior de X. Portanto, $\beta \geqslant 2$ e daí o supremo de X é 2, ou seja $\sup(X) = 2$. □

Definição 3.1.7 *Seja $\varnothing \neq X \subset \mathbb{R}$ limitado inferiormente. A* **maior das cotas inferiores** *de X é chamada de o* **ínfimo** *do conjunto X e denotada por* $\inf(X)$. *Em outras palavras, $a = \inf(X)$ se*

(I_1) *$a \leqslant x$, $\forall x \in X$.*

(I_2) *Se $c \in \mathbb{R}$ é tal que $c \leqslant x$, $\forall x \in X$, então $c \leqslant a$.*

A condição (I_2) pode ser reformulada assim:
(I_2') se $a < c$, então existe $x \in X$ tal que $x < c$.
A condição (I_2') diz que nenhum número maior do que a é cota inferior de X. Às vezes (I_2') escreve-se assim

$$\forall \varepsilon > 0, \exists x_\varepsilon \in X : x_\varepsilon < a + \varepsilon.$$

Portanto, temos a seguinte caracterização para o ínfimo de X.

Se $\varnothing \neq X \subset \mathbb{R}$ é limitado inferiormente, então

$$a = \inf(X) \Leftrightarrow \begin{cases} (\textbf{i})\ a \leqslant x,\ \forall x \in X, \\ (\textbf{ii})\ \forall \varepsilon > 0,\ \exists x_\varepsilon \in X : a \leqslant x_\varepsilon < a + \varepsilon. \end{cases}$$

Proposição 3.1.8 *Seja $\varnothing \neq X \subset \mathbb{R}$.*
(**a**) *Se X é limitado superiormente, então $\alpha < \sup(X)$ se, e somente se, $\alpha < x$, para algum $x \in X$.*
(**b**) *Se X é limitado inferiormente, então $\inf(X) < \beta$ se, e somente, se $x < \beta$, para algum $x \in X$.*

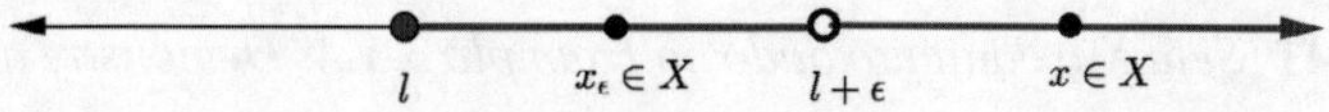

Figura 3.2: $a = \inf(X)$.

Demonstração. (**a**) $\Rightarrow$] Se $\alpha < \sup(X)$, então da Definição 3.1.5 (S_2') existe $x \in X$ tal que $\alpha < x$.

$\Leftarrow$] Se existe $x \in X$ tal que $\alpha < x$, então $\alpha < x \leqslant \sup(X)$. Daí, $\alpha < \sup(X)$.

(**b**) A demonstração deste item é análoga ao item (**a**). Por isso, a deixamos como exercício ao leitor. □

Definição 3.1.9 *Seja* $\emptyset \neq X \subset \mathbb{R}$.

(**i**) *O número* $M \in \mathbb{R}$ *é chamado o* **máximo** *de* X *se* $M = \sup(X)$ *e* $M \in X$. *Neste caso, escrevemos* $M = \max(X) = \max\{x : x \in X\} = \max\limits_{x \in X} x$.

(**ii**) *O número* $m \in \mathbb{R}$ *é chamado o* **mínimo** *de* X *se* $m = \inf(X)$ *e* $m \in X$. *Neste caso, escrevemos* $M = \min(X) = \min\{x : x \in X\} = \min\limits_{x \in X} x$.

Exemplo 3.1.10 *Sejam* $X = \{1,3,5,7\}$, $Y = \{0, \pi, -5, e, 2, \frac{4}{3}\}$ *e* $Z = \{n \in \mathbb{Z} : -4 < n \leqslant 100\}$ *subconjuntos finitos dos números reais. Encontre o mínimo e máximo de cada um desses conjuntos.*

Solução. De fato, facilmente vemos que para o conjunto X

$$\min(X) = \min\{1,3,5,7\} = 1,$$
$$\max(X) = \max\{1,3,5,7\} = 7.$$

Para o conjunto Y temos

$$\min(Y) = \min\{0, \pi, -5, e, 2, \tfrac{4}{3}\} = -5,$$
$$\max(Y) = \max\{0, \pi, -5, e, 2, \tfrac{4}{3}\} = \pi.$$

Finalmente, para o conjunto Z temos

$$\min(Z) = \min\{n \in \mathbb{Z} : -4 < n \leqslant 100\} = -3$$

$$\max(Z) = \max\{n \in \mathbb{Z} : -4 < n \leqslant 100\} = 100.$$

□

Exemplo 3.1.11 *Seja* X *o conjunto dado no Exemplo* 3.1.4. *Demonstre que* $\inf(X) = 3$.

Solução. Observe que, do Exemplo 3.1.4, vemos que $3 \leqslant x$, para todo $x \in X$, ou seja, 3 é uma cota inferior de X.

Afirmamos que 3 é a maior das cotas inferiores.

De fato, suponhamos que $\alpha \in \mathbb{R}$ uma cota superior de X. Logo $\alpha \leqslant 4$, pois $\alpha \leqslant 3 + \frac{1}{n} \leqslant 4$. Por outro lado, $\alpha \leqslant x$ para todo $x \in X$, pois α é cota inferior.

Suponhamos que $\alpha > 3$. Então, $\beta := \frac{\alpha+3}{2} > 3$ é tal que $\beta \in \mathbb{R}$ e $3 < \beta < \alpha \leqslant 4$. Assim $\beta \in X$. Logo, temos um absurdo, já que α é cota inferior de X. Portanto, $\alpha \leqslant 3$. Logo, $\inf(X) = 3$.

Como $\inf(X) \notin X$, então $\min(X)$ não existe. □

Exemplo 3.1.12 *Se* $A = \{x \in \mathbb{Q} : 1 < x \leqslant 3\}$, *então* $\inf(A) = 1$ *e* $\sup(A) = 3$.

Solução. De fato, é imediato ver que 1 é cota inferior de A. Agora, seja $p \in \mathbb{Q}$ uma cota inferior de A. Vamos mostrar que $p \leqslant 1$. Suponhamos que $p > 1$. Então, $t = \frac{p+1}{2} \in \mathbb{Q}$ é tal que $1 < t < p \leqslant 3$. Assim $t \in A$ e temos um absurdo, já que p é cota inferior de A. Portanto, $\inf(A) = 1$.

Como $\inf A \notin A$, segue que $\min(A)$ não existe.

Também é imediato ver que 3 é cota superior de A. Seja $q \in \mathbb{Q}$ uma cota superior de A. Claramente, $q > 1$(se $q < 1$, então $q \leqslant x$ qualquer que seja $x \in A$ e, assim, q não seria cota superior). Vamos provar que $q \geqslant 3$. Suponhamos que $q < 3$. Então, $s = \frac{q+3}{2} \in \mathbb{Q}$ é tal que $1 < q < s < 3$. Assim, $s \in A$ e temos um absurdo, já que q é cota superior de A. Portanto, $\sup(A) = 3$.

Como $\sup(A) = 3 \in A$, segue que $3 = \max(A)$. □

Exemplo 3.1.13 *Dado o conjunto* $X = \left\{(-1)^n \frac{1}{n} : n \in \mathbb{N}\right\}$, *encontre* $\sup(X)$, $\inf(X)$, $\max(X)$ *e* $\min(X)$, *se estes existirem.*

Solução. Observe que o conjunto X é escrito por extensão e é dado por

$$X = \left\{ -1, \frac{1}{2}, -\frac{1}{3}, \frac{1}{4}, -\frac{1}{5}, \cdots \right\}.$$

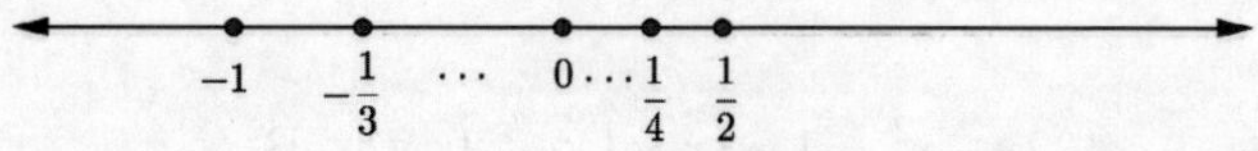

Figura 3.3: Elementos do conjunto X.

Logo,

$$\sup(X) = \frac{1}{2} = \max(X) \text{ e } \inf(X) = -1 = \min(X).$$

□

Exemplo 3.1.14 *Encontre o menor número $L \in \mathbb{R}$ tal que:*

$$2x - x^2 \leqslant L, \ \forall x \in \mathbb{R}.$$

Solução. Completando quadrados obtemos

$$2x - x^2 = -(x^2 - 2x) = -(x^2 - 2x + 1 - 1) = 1 - (x-1)^2,$$

a equação da parábola $y = 2x - x^2 = 1 - (x-1)^2$.

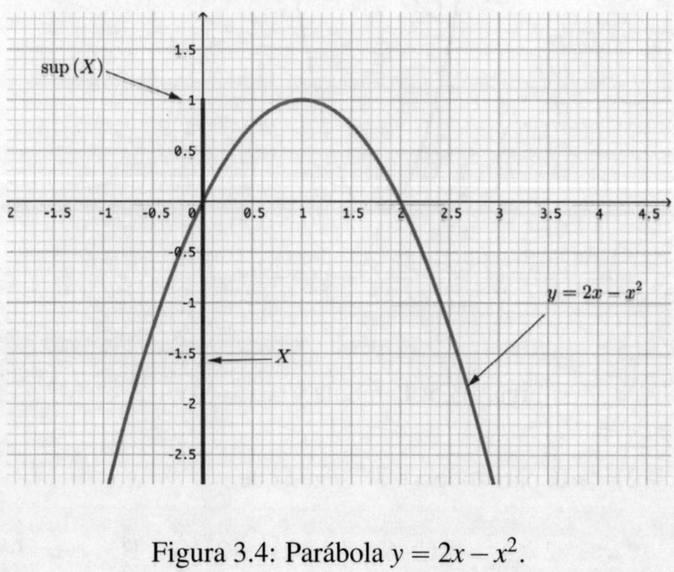

Figura 3.4: Parábola $y = 2x - x^2$.

Como $(x-1)^2 \geqslant 0$ para todo $x \in \mathbb{R}$, segue que $1-(x-1)^2 \leqslant 1$ para todo $x \in \mathbb{R}$. Logo

$$2x - x^2 = 1-(x-1)^2 \leqslant 1, \ \forall x \in \mathbb{R}. \tag{3.1.1}$$

Denotando por $y = 2x - x^2$, consideremos o conjunto $X = \{y \in \mathbb{R} : y \leqslant 1\} = (-\infty, 1]$. Então o menor número L que satisfaz (3.1.1) é dado por $L = \sup(X) = 1$. Como $\sup(X) \in X$, segue que $L = 1 = \max(X)$. □

Exemplo 3.1.15 *Encontre o maior número $l \in \mathbb{R}$ tal que:*

$$l \leqslant x^2 - 4x + 6, \ \forall x \in \mathbb{R}.$$

Solução. Completando quadrados obtemos

$$x^2 - 4x + 6 = x^2 - 4x + 4 + 2 = (x-2)^2 + 2$$

a equação da parábola $y = (x-2)^2 + 2$.

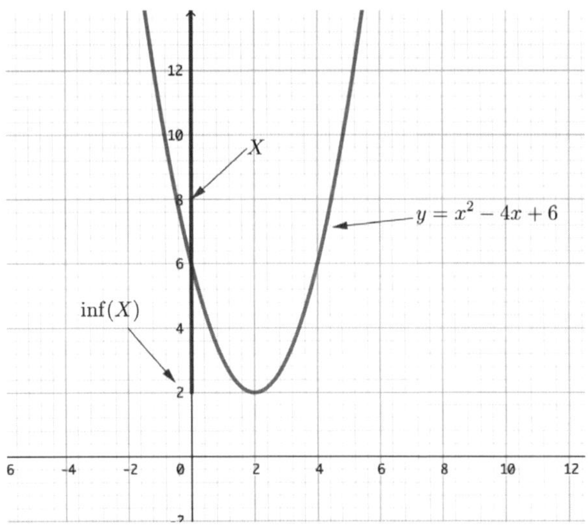

Figura 3.5: Parábola $y = x^2 - 4x + 2$.

Como $(x-2)^2 \geqslant 0$, para todo $x \in \mathbb{R}$, segue que

$$2 \leqslant x^2 - 4x + 6 = (x-2)^2 + 2, \ \forall x \in \mathbb{R}. \tag{3.1.2}$$

Daí, segue que $l = 2$ é tal que $2 \leqslant x^2 - 4x + 6$. Denotemos por $y = (x-2)^2 + 2$ e consideremos o conjunto $X = \{y \in \mathbb{R} : 2 \leqslant y\} = [2, +\infty)$. Então, o maior número l que satisfaz (3.1.2) é dado por $l = \inf(X) = 2$. Como $\inf(X) \in X$, segue que $l = 2 = \min(X)$. □

Exemplo 3.1.16 *Encontre o maior l e o menor L tal que, para todo $x \in [1/2, 1]$, então $l \leqslant \dfrac{x+2}{x+3} \leqslant L$.*

Solução. Observe que

$$\tfrac{x+2}{x+3} = \tfrac{x+2+1-1}{x+3} = 1 - \tfrac{1}{x+3}, \ x \neq -3.$$

Da hipótese $x \in [1/2, 1]$ vamos obter o termo $1 - \dfrac{1}{x+3}$. De fato,

$$\begin{aligned} x \in [1/2, 1] &\Leftrightarrow \tfrac{1}{2} \leqslant x \leqslant 1 \\ &\Leftrightarrow \tfrac{1}{2} + 3 \leqslant x + 3 \leqslant 1 + 3 \\ &\Leftrightarrow \tfrac{7}{2} \leqslant x + 3 \leqslant 4 \\ &\Leftrightarrow \tfrac{2}{7} \geqslant \tfrac{1}{x+3} \geqslant \tfrac{1}{4} \\ &\Leftrightarrow -\tfrac{2}{7} \leqslant -\dfrac{1}{x+3} \leqslant -\tfrac{1}{4} \\ &\Leftrightarrow 1 - \tfrac{2}{7} \leqslant 1 - \dfrac{1}{x+3} \leqslant 1 - \tfrac{1}{4} \\ &\Leftrightarrow \tfrac{5}{7} \leqslant 1 - \tfrac{1}{x+3} \leqslant \tfrac{3}{4}. \end{aligned} \tag{3.1.3}$$

Denotemos por $y = \frac{x+2}{x+3} = 1 - \frac{1}{x+3}$ e consideremos o seguinte conjunto $Y = \{y \in \mathbb{R} : \frac{5}{7} \leqslant y \leqslant \frac{3}{4}\} = \left[\frac{5}{7}, \frac{3}{4}\right]$. Daí, o maior l e o menor L que satisfazem (3.1.3) são dados por $l = \inf(Y) = \frac{5}{7}$ e $L = \sup(Y) = \frac{3}{4}$. □

3.2 Exercícios

1. Se o supremo ou ínfimo de um conjunto A existe, então mostre que é único. Além disso, se ambos existem, então $\inf(A) \leqslant \sup(A)$.

2. Seja $\varnothing \neq X \subset \mathbb{R}$ e suponhamos que $l := \inf(X), L := \sup(X) \in X$. Se $u \notin X$, então mostre que

(**i**) $\sup(X \cup \{u\}) = \max\{L, u\}$.

(**ii**) $\inf(X \cup \{u\}) = \min\{l, u\}$

3. Todo subconjunto finito X de $\mathbb{R}$ contém seu supremo e seu ínfimo, i.e., $\inf(X), \sup(X) \in X$.

4. Mostre que o conjunto $X = \left\{\frac{1}{2^n} : n \in \mathbb{N}\right\}$ tem ínfimo.

5. Encontre $\sup(X)$, $\inf(X)$, $\max(X)$ e $\min(X)$, se existirem, dos seguintes conjuntos:

   (a) $X = \left\{3 + \frac{n+1}{n} : n \in \mathbb{N}\right\}$
   (b) $X = \left\{-2 + \frac{2n}{n+1} : n \in \mathbb{N}\right\}$
   (c) $X = \left\{\frac{3-n}{n+1} : n \in \mathbb{N} \cup \{0\}\right\}$
   (d) $X = \left\{\frac{5-2n}{n+1} : n \in \mathbb{N} \cup \{0\}\right\}$.

6. Encontre $\sup(X)$, $\inf(X)$, $\max(X)$ e $\min(X)$, se existirem, dos seguintes conjuntos:

   (a) $X = \{x \in \mathbb{R} : x^2 - 5x + 6 < 0\}$
   (b) $X = \{x \in \mathbb{R} : 1 + 2x \leqslant \frac{1}{1-2x},\ x \neq \frac{1}{2}\}$
   (c) $X = \{x \in \mathbb{R} : \sqrt{2+x} \geqslant x, x \geqslant -2\}$.
   (d) $X = \{x \in \mathbb{R} : \sqrt{x - \frac{1}{8}} > x\}$

7. Encontre $\sup(X)$ e $\inf(X)$, se existirem, dos seguintes conjuntos:

   (a) $X = \left\{\frac{m}{n} : m, n \in \mathbb{N}, m < n\right\}$
   (b) $X = \left\{\frac{m}{m+n} : m, n \in \mathbb{N}\right\}$
   (c) $X = \left\{\frac{n}{3n+1} : n \in \mathbb{N}\right\}$
   (d) $X = \left\{\frac{1}{n} - \frac{1}{m} : m, n \in \mathbb{N}\right\}$.

8. Encontre o menor número $L \in \mathbb{R}$ tal que

$$-19 + 12x - 2x^2 \leqslant L,\ x \in \mathbb{R}.$$

9. Encontre o maior número l tal que

$$l \leqslant x^2 - 2x + 26,\ \forall x \in \mathbb{R}.$$

10. Encontre o maior número l tal que

$$l \leqslant x^{2/5} - x^{1/5},\ \forall x \in \mathbb{R}.$$

3.3 Axioma do supremo

Axioma do supremo (ou axioma da completude de $\mathbb{R}$)

Todo subconjunto dos números reais não vazio e limitado superiormente possui supremo em $\mathbb{R}$.

Em outras palavras, se $\varnothing \neq X \subset \mathbb{R}$, e se existe $b \in \mathbb{R}$ tal que $x \leqslant b$ para todo $x \in X$, então $\sup(X) \in \mathbb{R}$.

Teorema 3.3.1 *Todo subconjunto dos números reais não vazio e limitado inferiormente possui ínfimo em* $\mathbb{R}$

Demonstração. Seja $\varnothing \neq Y \subset \mathbb{R}$ e limitado inferiormente, i.e., existe $a \in \mathbb{R}$ tal que $a \leqslant y$, para todo $y \in Y$.

Definamos o conjunto $X := -Y = \{-y : y \in Y\}$.

• X é não vazio.

Pois Y é não vazio.

• $-a$ é cota superior de X.

De fato, como $a \leqslant y$, segue que $-a \geqslant -y$ para todo $y \in Y$, i.e., $x \leqslant -a$, para todo $x \in X$.

Como $-a$ é uma cota superior para X, segue que $\varnothing \neq X \subset \mathbb{R}$ e limitado superiormente. Logo pelo axioma do supremo existe $\sup(X) = b \in \mathbb{R}$.

• $\inf(Y) = -b$.

De fato, para qualquer $x \in X$, temos $x \leqslant b$, i.e., $-y \leqslant b$ para todo $y \in Y$. Daí, $-b \leqslant y$, para todo $y \in Y$.

Agora suponhamos que c é outra cota inferior de Y. Logo, $-c$ será uma cota superior de X, então $-c \geqslant b$ (pois $b = \sup X$). Disso segue que $c \leqslant -b$, o qual mostra que $\inf(Y) = -b = -\sup(X) = -\sup(-Y)$. □

Exemplo 3.3.2 *Consideremos o intervalo aberto* $I = (a,b)$*, onde* $a, b \in \mathbb{R}$ *com* $a < b$*. Mostre que* $b = \sup(I)$.

Solução. Observe que:

(**i**) $x \leqslant b$, $\forall x \in I$.

(**ii**) Dado $\varepsilon > 0$, queremos encontrar $c \in I$ tal que $b - \varepsilon < c$.

De fato, vamos considerar os seguintes casos:

• $0 < \varepsilon < b - a$.

Neste caso escolhemos $c = \frac{b-\varepsilon+b}{2} = b - \frac{\varepsilon}{2} \in I$, pois $b - \frac{\varepsilon}{2} < b$. Assim, dado $0 < \varepsilon < b - a$, existe $c \in I$ tal que

$$b - \varepsilon < b - \frac{\varepsilon}{2} = c.$$

• $\varepsilon > b - a$.

Neste caso temos $b - \varepsilon < a < c$, $\forall c \in (a, b)$.

• $\varepsilon = b - a$

Neste caso basta pegar $c \in I$ com $c > a$ para termos $b - \varepsilon < a < c$.

Portanto, de (**i**) e (**ii**), segue que $b = \sup(I)$. □

Algumas consequências do axioma do supremo são:

Teorema 3.3.3 (**i**) *O conjunto $\mathbb{N} \subset \mathbb{R}$ dos números naturais não é limitado superiormente.*

(**ii**) *O ínfimo do conjunto $X = \left\{\frac{1}{n} : n \in \mathbb{N}\right\}$ é igual a 0.*

(**iii**) *Dados $a, b \in \mathbb{R}^+$, existe $n \in \mathbb{N}$ tal que $na > b$.*

Demonstração. (**i**) Suponhamos que $\mathbb{N} \subset \mathbb{R}$ é limitado superiormente, então existe $c = \sup(\mathbb{N})$. Logo, $c - 1$ não seria cota superior de $\mathbb{N}$, ou seja, existe $n \in \mathbb{N}$ tal que $c - 1 < n$. Disso segue que $c < n + 1$. Logo, c não seria cota superior de $\mathbb{N}$. Absurdo.

(**ii**) É imediato que 0 é uma cota inferior de X. Basta provar que nenhum $c > 0$ é cota inferior de X. Dado $c > 0$, por (**i**), existe $n \in \mathbb{N}$ tal que $n > \frac{1}{c}$. Disso segue que $\frac{1}{n} < c$, o que prova (**ii**).

(**iii**) Dados $a, b \in \mathbb{R}^+$. Usamos (**i**) para obter $n \in \mathbb{N}$ tal que $n > \frac{b}{a}$, então $na > b$. □

Observação 3.3.4 *As propriedades* (**i**), (**ii**) *e* (**iii**) *do Teorema* 3.3.3 *são equivalentes e significam que $\mathbb{R}$ é um* **corpo arquimediano**.

Alguns exemplos com relação ao item (iii) do Teorema 3.3.3

(**1**) Se $b > 0$ e $a = 1$, então existe $n \in \mathbb{N}$ tal que $n \cdot 1 > b$, ou seja, para cada $b \in \mathbb{R}^+$, existe um número $n \in \mathbb{N}$ tal que $b < n$.

(**2**) Se $b = 1$ e $a > 0$, então existe $n \in \mathbb{N}$ tal que $na > 1$, ou seja, para cada $a \in \mathbb{R}^+$, existe um número $n \in \mathbb{N}$ tal que $\frac{1}{a} < n$.

(**3**) Se $b = 1$ e $a = \varepsilon$, então existe $n \in \mathbb{N}$ tal que

$$n\varepsilon > 1 \Leftrightarrow \tfrac{1}{n} < \varepsilon.$$

(**4**) Se $b = 1$ e $a = \varepsilon$, então existe $n' = 2n \in \mathbb{N}$ tal que

$$n\varepsilon > 1 \Leftrightarrow \tfrac{1}{2n} < \varepsilon.$$

(**5**) Se $b = 3$ e $a = \varepsilon$, então existe $n' = n+1 \in \mathbb{N}$ tal que

$$(n+1)\varepsilon > 3 \Leftrightarrow \tfrac{3}{n+1} < \varepsilon.$$

(**6**) Se $b = 1$ e $a = \varepsilon$, então existe $n' = n^2 \in \mathbb{N}$ tal que

$$n^2\varepsilon > 1 \Leftrightarrow \tfrac{1}{n^2} < \varepsilon.$$

(**7**) Se $b = 1$ e $a = \varepsilon^2$, então existe $n \in \mathbb{N}$ tal que

$$n\varepsilon^2 > 1 \Leftrightarrow \tfrac{1}{n} < \varepsilon^2 \Leftrightarrow \tfrac{1}{\sqrt{n}} < \varepsilon.$$

(**8**) Se $b = 1$ e $a = \varepsilon^p$ com $p \in \mathbb{N}$, então existe $n' = 2n+1 \in \mathbb{N}$ tal que

$$(2n+1)\varepsilon^p > 1 \Leftrightarrow \tfrac{1}{2n+1} < \varepsilon^p \Leftrightarrow \tfrac{1}{\sqrt[p]{2n+1}} < \varepsilon.$$

(**9**) Se $b = 1$ e $a = \varepsilon$, então existe $n' = 2^n \in \mathbb{N}$ tal que

$$2^n\varepsilon > 1 \Leftrightarrow \tfrac{1}{2^n} < \varepsilon.$$

(**10**) Se $b = 1$ e $a = \varepsilon$, então existe $n' = n! \in \mathbb{N}$ tal que

$$n!\,\varepsilon > 1 \Leftrightarrow \tfrac{1}{n!} < \varepsilon.$$

Exemplo 3.3.5 *Seja* $A = \left\{\frac{1}{3} - \frac{1}{2n} : n \in \mathbb{N}\right\}$. *Mostre que* $\sup(A) = \frac{1}{3}$.

Solução. Observe que $\frac{1}{3} - \frac{1}{2n} \leqslant \frac{1}{3}$, para todo $n \in \mathbb{N}$. Logo, o conjunto $A \subset \mathbb{R}$ é limitado superiormente.

(**i**) $\frac{1}{3}$ é cota superior de A.

(**ii**) Dado $\varepsilon > 0$, queremos encontrar um elemento $x \in A$ tal que $\frac{1}{3} - \varepsilon < x$.

De fato, do item (**iii**) do Teorema 3.3.3 tomando $b = \frac{1}{2}$ e $a = \varepsilon$, existe $n_0 \in \mathbb{N}$ tal que $n_0 \varepsilon > \frac{1}{2}$, i.e., $\frac{1}{2n_0} < \varepsilon$. Logo

$$\frac{1}{2n_0} < \varepsilon \Leftrightarrow -\frac{1}{2n_0} > -\varepsilon \Leftrightarrow \frac{1}{3} - \frac{1}{2n_0} > \frac{1}{3} - \varepsilon.$$

Assim, $x = \frac{1}{3} - \frac{1}{2n_0} \in A$ e $\frac{1}{3} - \varepsilon < x$, para todo $\varepsilon > 0$. Portanto, $\frac{1}{3} = \sup A$. □

Exemplo 3.3.6 *Dado o conjunto* $B = \left\{\frac{n}{n+1} : n \in \mathbb{N}\right\}$. *Calcule* $\sup(B)$ *e* $\inf(B)$, *se existirem.*

Solução. O conjunto B escrito por extensão é $B = \left\{\frac{1}{2}, \frac{2}{3}, \frac{3}{4}, \cdots\right\}$.

Como $n \in \mathbb{N}$ temos

$$n \geqslant 1 \Leftrightarrow 2n \geqslant n+1 \Leftrightarrow \frac{n}{n+1} \geqslant \frac{1}{2},$$

ou seja, o conjunto A é limitado inferiormente.

Por outro lado, como $n \leqslant n+1$, para todo $n \in \mathbb{N}$, segue que $\frac{n}{n+1} \leqslant 1$, ou seja, o conjunto B é limitado superiormente.

Portanto, o conjunto B é limitado.

Sendo B limitado superiormente, segue do axioma do supremo que existe $\sup B$.

• $\sup B = 1$.

(**i**) $b \leqslant 1, \forall b \in B$.

(**ii**) Dado $\varepsilon > 0$, queremos achar $b' \in B$ tal que $1 - \varepsilon < b'$.

De fato, do item (**iii**) do Teorema 3.3.3, tomando $b = 1$ e $a = \varepsilon$, existe $n' = n_0 + 1 \in \mathbb{N}$ tal que $(n_0+1)\varepsilon > 1$. Disso segue

$$\begin{aligned}(n_0+1)\varepsilon > 1 &\Leftrightarrow 1 - (n_0+1)\varepsilon < 0\\ &\Leftrightarrow n_0 + 1 - (n_0+1)\varepsilon < n_0\\ &\Leftrightarrow (1-\varepsilon)(n_0+1) < n_0\\ &\Leftrightarrow 1 - \varepsilon < \frac{n_0}{n_0+1}.\end{aligned}$$

Com isso mostramos que o elemento $b' = \frac{n_0}{n_0+1} \in B$ e $1 - \varepsilon < b'$. Portanto, de (**i**) e (**ii**) concluímos que $\sup(B) = 1$.

• $\inf(B) = \frac{1}{2}$.
(**i**) $\frac{1}{2} \leqslant b, \forall b \in B$.
(**ii**) Dado $\varepsilon > 0$, queremos achar $x \in B$ tal que $\frac{1}{2} + \varepsilon > x$.

Bastar escolher $x = \frac{1}{2} \in B$ para termos $\frac{1}{2} + \varepsilon > \frac{1}{2}$. Assim,

$$\forall \varepsilon > 0, \exists x = \tfrac{1}{2} : \tfrac{1}{2} + \varepsilon > x.$$

Portanto, de (**i**) e (**ii**) concluímos que $\inf(B) = \frac{1}{2}$. □

Exemplo 3.3.7 *Seja* $\varnothing \neq B \subset \mathbb{R}$ *e limitado inferiormente. Denotemos por* $B_\star$ *o conjunto das cotas inferiores, i.e.,*

$$B_\star = \{x \in \mathbb{R} : x \leqslant b, \ \forall b \in B\}.$$

Mostre que $B_\star \neq \varnothing$*,* $B_\star$ *é limitado superiormente e* $\sup(B_\star) = \inf(B)$.

Solução. Como B é limitado inferiormente, existe $l \in \mathbb{R}$ tal que $l \leqslant b$, para todo $b \in B$. Logo $l \in B_\star$ e daí $B_\star \neq \varnothing$.

• **$B_\star$ é limitado superiormente.**

De fato, como $B \neq \varnothing$, existe $b \in B$ tal que $l \leqslant b$. Logo, b é uma cota superior de $B_\star$, ou seja, $B_\star$ é limitado superiormente.

Assim, temos que $B_\star \neq \varnothing$ e limitado superiormente. Portanto, pelo Axioma do supremo existe $\sup(B_\star) \in \mathbb{R}$.

• **$\sup(B_\star) = \inf(B)$.**

Seja $a \in B_\star$, então $a \leqslant b$, para todo $b \in B$. Assim, todo elemento de B é cota superior de $B_\star$. Consequentemente,

$$\sup(B_\star) \leqslant b, \ \forall b \in B.$$

Portanto, $\sup(B_\star)$ é uma cota inferior de B.

Seja c uma cota inferior de B. Então, $c \in B_\star$ e

$$c \leqslant \sup(B_\star)$$

ou seja, $\sup(B_\star)$ é maior ou igual que qualquer cota inferior de B. Em outras palavras, $\sup(B_\star) = \inf(B)$. □

Exemplo 3.3.8 *Seja $\emptyset \neq B \subset \mathbb{R}$ e limitado superiormente. Denotemos por $B^\star$ o conjunto das cotas superiores, i.e.,*

$$B^\star = \{x \in \mathbb{R} : b \leqslant x,\ \forall b \in B\}.$$

Mostre que $B^\star \neq \emptyset$, $B^\star$ é limitado inferiormente e $\inf(B^\star) = \sup(B)$.

Solução. Como B é limitado superiormente, existe $L \in \mathbb{R}$ tal que $b \leqslant L$ para todo $b \in B$. Logo, $L \in B^\star$ e daí $B^\star \neq \emptyset$.

• **$B^\star$ é limitado inferiormente.**

De fato, como $B \neq \emptyset$, existe $b \in B$ tal que $b \leqslant L$. Logo, b é cota inferior de $B^\star$, ou seja, $B^\star$ é limitado inferiormente.

Assim, temos $B^\star \neq \emptyset$ e $B^\star$ é limitado superiormente. Logo, pelo Teorema 3.3.1, existe $\inf(B^\star)$.

• $\inf(B^\star) = \sup(B)$**.**

Seja $a \in B^\star$, então $b \leqslant a$, para todo $b \in B$. Assim, todo elemento b de B é cota inferior de $B^\star$. Consequentemente,

$$b \leqslant \inf(B^\star).$$

Portanto, $\inf(B^\star)$ é uma cota superior de B.

Seja agora d uma cota superior de B. Então $d \in B^\star$ e

$$\inf(B^\star) \leqslant d,$$

ou seja, $\inf(B^\star)$ é a menor das cotas superiores de B. Em outras palavras, $\inf(B^\star) = \sup(B)$. □

Proposição 3.3.9 *Sejam $\emptyset \neq A, B \subset \mathbb{R}$ tais que, para todo $x \in A$ e todo $y \in B$, tem-se $x \leqslant y$, então $\sup(A) \leqslant \inf(B)$. $\sup(A) = \inf(B)$ se, e somente se, para todo $\varepsilon > 0$, existem $x \in A$ e $y \in B$ tal que $y - x < \varepsilon$.*

Demonstração. Observe que todo $y \in B$ é cota superior de A, assim, A é limitado superiormente. Logo, pelo axioma do supremo, existe $\sup A$. Daí $\sup A \leqslant y$. Isso mostra que $\sup A$ é cota inferior de B. Logo, $\sup(A) \leqslant \inf(B)$.

Agora vamos mostrar que:

$$\sup(A) = \inf(B) \Leftrightarrow \forall \varepsilon > 0, \exists_m\, x \in A \text{ e } y \in B : y - x < \varepsilon.$$

$\Rightarrow]$ Se $\sup(A) = \inf(B)$, então, para todo $\varepsilon > 0$ dado, existem $x \in A$ e $y \in B$ tais que $\sup(A) - \frac{\varepsilon}{2} < x \leqslant \sup A = \inf(B) \leqslant y < \inf(B) + \frac{\varepsilon}{2}$. Daí,

$$-\tfrac{\varepsilon}{2} < x - \sup(A) \leqslant 0 \leqslant y - \sup A < \tfrac{\varepsilon}{2}.$$

Disso segue que $y - x < \varepsilon$.

$\Leftarrow]$ Suponhamos que $\sup(A) < \inf(B)$, então $\varepsilon = \inf(B) - \sup(A) > 0$. Como $\sup A \geqslant x$ para todo $x \in A$ e $\inf(B) \leqslant y$ para todo $y \in B$, tem-se $0 < \varepsilon = \inf B - \sup A \leqslant y - x$, $\forall x \in A$ e $\forall y \in B$, ou seja, $y - x \geqslant \varepsilon$, o que é um absurdo. Portanto, $\sup(A) = \inf(B)$. □

Teorema 3.3.10 (Existência da raiz quadrada) *Se $\alpha \in \mathbb{R}$ com $\alpha \geqslant 0$, então existe um único $r \in \mathbb{R}$, $r \geqslant 0$ tal que $r^2 = \alpha$. Denotamos r por $r = \sqrt{\alpha}$ e chamamos a raiz quadrada de α.*

Demonstração. Se $\alpha = 0 (= 1)$, então basta pegar $r = 0 (= 1)$. Suponhamos que $\alpha > 1$. Definamos o conjunto $A = \{x \in \mathbb{R} : x \geqslant 0, x^2 \leqslant \alpha\}$. Como $0 \in A$, segue que $A \neq \emptyset$. Se existe algum $x \in A$ tal que $x > \alpha$, então $x^2 > \alpha^2 > \alpha$, pois $\alpha > 1$, e isso contradiz que $x \in A$. Logo $x \leqslant \alpha$ para todo $x \in A$, isto é, A é limitado superiormente. Do axioma do supremo segue que existe $\sup(A)$. Seja $0 \leqslant r = \sup(A)$. Provemos que não pode ocorrer $r^2 < \alpha$ ou $r^2 > \alpha$. Logo, r satisfaz $r^2 = \alpha$.

- Suponhamos que $r^2 < \alpha$.

Como $\alpha - r^2$ e $2r\alpha + \alpha^2$ são números reais positivos, segue do Teorema 3.3.3, item (**iii**), que existe um $n \in \mathbb{N}$ tal que $n(\alpha - r^2) > 2r\alpha + \alpha^2$, i.e., $\frac{\alpha - r^2}{2r\alpha + \alpha^2} > \frac{1}{n}$. Para esse $n \in \mathbb{N}$ temos

$$\begin{aligned}
\left(r+\tfrac{\alpha}{n}\right)^2 &= r^2+2r\tfrac{\alpha}{n}+\tfrac{\alpha^2}{n^2} < r^2+2r\tfrac{\alpha}{n}+\tfrac{\alpha^2}{n} \\
&< r^2+2r\alpha\left(\tfrac{\alpha-r^2}{2r\alpha+\alpha^2}\right)+\alpha^2\left(\tfrac{\alpha-r^2}{2r\alpha+\alpha^2}\right) \\
&< r^2+2r\left(\tfrac{\alpha-r^2}{2r+\alpha}\right)+\alpha\left(\tfrac{\alpha-r^2}{2r+\alpha}\right) \\
&< r^2+\left(\tfrac{\alpha-r^2}{2r+\alpha}\right)(2r+\alpha)=\alpha.
\end{aligned}$$

Disso segue que $r+\frac{\alpha}{n} \in A$, o que é um absurdo, pois $r+\frac{\alpha}{n} > r = \sup(A)$. Logo não ocorre $r^2 < \alpha$.

• Suponhamos que $r^2 > \alpha$.

Suponhamos que $r^2 > \alpha$. Como $\alpha > 1$, temos que $r > 0$. Pelo Teorema 3.3.3, item (**iii**), existe um $n \in \mathbb{N}$ tal que $\frac{1}{n} < \frac{r^2-\alpha}{2r\alpha}$ e $r-\frac{\alpha}{n} > 0$. Para este n temos

$$\begin{aligned}
\left(r-\tfrac{\alpha}{n}\right)^2 &= r^2-2r\tfrac{\alpha}{n}+\tfrac{\alpha^2}{n^2} > r^2-2r\tfrac{\alpha}{n} \\
&> r^2+2r\alpha(-\tfrac{1}{n}) \\
&> r^2+2r(\tfrac{\alpha-r^2}{2r\alpha})=\alpha. \qquad (3.3.1)
\end{aligned}$$

Como $r=\sup(A)$, existe $x \in A$ tal que $r-\frac{\alpha}{n} < x$. Logo, $(r-\frac{\alpha}{n})^2 < x^2 \leqslant \alpha$, pois $x \in A$. Isso contradiz (3.3.1). Logo, não ocorre $r^2 > \alpha$. Portanto, $r=\sqrt{\alpha}$ é tal que $r^2=\alpha$.

Suponhamos agora que $0 < \alpha < 1$. Então, $\frac{1}{\alpha} > 1$. Do caso anterior, existe $c \in \mathbb{R}$, $c > 0$ tal que $c^2 = \frac{1}{\alpha}$. Logo, $(\frac{1}{c})^2 = \frac{1}{c^2} = \alpha$. Assim, $r=\frac{1}{c}$ é tal que $r^2=\alpha$.

Vejamos a unicidade de r. Suponhamos que existem $r_1, r_2 \geqslant 0$ tais que $r_1^2 = \alpha = r_2^2$. Disso segue que $0 = r_1^2 - r_2^2 = (r_1-r_2)(r_1+r_2)$. Se $r_1+r_2=0$, então $r_1=r_2=0$ (pois $r_1, r_2 \geqslant 0$) e, portanto, são iguais. Se $r_1 = r_2 =$ segue que $r_1 = r_2$. □

O seguinte exemplo nos diz que o corpo dos números racionais $\mathbb{Q}$ não satisfaz o axioma do supremo.

Exemplo 3.3.11 *Consideremos o subconjunto* $E = \{q \in \mathbb{Q} : q^2 < 2\}$. *Mostre que* $\sup E = \sqrt{2}$.

Solução. O subconjunto $E \subset \mathbb{Q} \subset \mathbb{R}$ satisfaz:

• $E \neq \varnothing$, pois $0 \in E$.

• $q < 2$ para todo $q \in E$. Pois, se $q \geqslant 2$, então $q^2 \geqslant 4 > 2$. Logo, E é limitado superiormente em $\mathbb{Q}$.

Suponhamos que $\mathbb{Q}$ satisfaz o axioma do supremo. Então, existe $\alpha \in \mathbb{Q}$ tal que $\alpha = \sup E$. Vamos mostrar que $\alpha^2 = 2$.

Observe que $1 \leqslant \alpha \leqslant 2$, pois $1 \in \mathbb{Q}$ e 2 é cota superior de E.

(**i**) Mostremos que, se $\alpha^2 < 2$, então α não pode ser uma cota superior para E.

Seja $q = \alpha + \varepsilon$, onde $0 < \varepsilon \in \mathbb{Q}$. Vamos escolher ε suficientemente pequeno de modo que

$$q^2 = (\alpha + \varepsilon)^2 = \alpha^2 + 2\alpha\varepsilon + \varepsilon^2$$

seja menor do que 2.

Como $\alpha \leqslant 2$ e $\varepsilon > 0$ pode ser escolhido tal que $\varepsilon < 1$. Segue que

$$q^2 \leqslant \alpha^2 + 4\varepsilon + \varepsilon = \alpha^2 + 5\varepsilon.$$

Agora o lado direito dessa desigualdade é menor do que 2 se

$$\alpha^2 + 5\varepsilon < 2 \Leftrightarrow \varepsilon < \tfrac{2-\alpha^2}{5}.$$

Então, o número $q = \alpha + \frac{2-\alpha^2}{6} \in \mathbb{Q}$ e é tal que $q > \alpha$. Então, α não é cota superior de E.

(**ii**) Mostremos que, se $\alpha^2 > 2$, então α não pode ser o supremo de E.

Seja $r = \alpha - \varepsilon$, onde $0 < \varepsilon \in \mathbb{Q}$. Vamos escolher ε suficientemente pequeno de modo que

$$r^2 = (\alpha - \varepsilon)^2 = \alpha^2 - 2\alpha\varepsilon + \varepsilon^2$$

seja maior do que 2. Como $\alpha \leqslant 2$, segue que $-2\alpha\varepsilon \geqslant -4\varepsilon$, então

$$r^2 \geqslant \alpha^2 - 4\varepsilon + \varepsilon^2 > \alpha^2 - 4\varepsilon.$$

Isso será que maior do que 2 se

$$\alpha^2 - 4\varepsilon > 2 \Leftrightarrow \varepsilon < \tfrac{\alpha^2-2}{4}.$$

Então, o número $r = \alpha - \frac{\alpha^2-2}{6} \in \mathbb{Q}$, $r < \alpha$, $r > 0$, pois

$$\alpha \leqslant 2 \Leftrightarrow \alpha^2 \leqslant 4 \Leftrightarrow \frac{\alpha^2-2}{6} \leqslant \frac{1}{3} < 1 \leqslant \alpha$$

e $r^2 > 2$.

Observe que se $q \in \mathbb{Q}$ tal que

$$q > r > 0 \Rightarrow q^2 > r^2 > 2.$$

Isso mostra que para qualquer número $q > r$, $q \notin E$. Logo, $q \leqslant r$, para todo $q \in E$. Como $r < \alpha$, segue que α não é o supremo de E. Isso mostra o item (**ii**).

De (**i**) e (**ii**) concluímos que, se $\alpha = \sup(E)$, então α deve satisfazer $\alpha^2 = 2$.

(**iii**) Mostremos que não existe $\alpha \in \mathbb{Q}$ tal que $\alpha^2 = 2$.

Suponhamos que existe $\alpha \in \mathbb{Q}$ tal que $\alpha^2 = 2$, i.e., $\alpha = \frac{m}{n}$, onde $m, n \in \mathbb{Z}$ com m e n não tendo fatores comuns. Mas, se $\alpha^2 = 2$, isso implica que

$$\left(\frac{m}{n}\right)^2 = 2 \Rightarrow m^2 = 2n^2 \Rightarrow m^2 \text{ é par} \Rightarrow m \text{ é par.}$$

Logo, $m = 2k$, $k \in \mathbb{N}$. Assim

$$(2k)^2 = 2n^2 \Rightarrow 4k^2 = 2n^2 \Rightarrow n^2 \text{ é par} \Rightarrow n \text{ é par.}$$

Logo, $n = 2l$, $l \in \mathbb{N}$. Portanto, 2 é um fator comum de m e n, o que é uma contradição.

Portanto, o $\sup(E) = \alpha = \sqrt{2} \notin \mathbb{Q}$. □

Exemplo 3.3.12 *Sejam* $\varnothing \neq X, Y \subset \mathbb{R}$. *Se* $X \subset Y$ *e* $\sup(Y)$ *existe, então mostre que*

$$\sup(X) \leqslant \sup(Y).$$

Solução. Seja $L = \sup(Y)$, então $y \leqslant L$ para todo $y \in Y$. Para qualquer $x \in X$ segue que $x \in Y$, pois $X \subset Y$, logo $x \leqslant L$ para todo $x \in X$. Portanto, $\varnothing \neq X \subset \mathbb{R}$ é limitado superiormente. Pelo axioma do supremo, existe $\sup(X)$. Como L é uma cota superior de X, segue que $\sup(X) \leqslant L$, i.e., $\sup(X) \leqslant \sup(Y)$. □

Teorema 3.3.13 (Maior inteiro de um número real) *Para qualquer* $x \in \mathbb{R}$, *existe um único* $n \in \mathbb{Z}$ *tal que*

$$n \leqslant x < n+1.$$

Demonstração.

• **Existência de n.**

Primeiro vamos mostrar que:

(**i**) Existem $p, q \in \mathbb{Z}$ tal que $p < x < q$.

De fato,

• Se $x > 0$, então tomando $a = 1$ no item (**iii**) do Teorema 3.3.3 existe $q \in \mathbb{N}$ tal que $p = 0 < x < q$.

• Se $x = 0$, basta pegar $p = -1$ e $q = 1$, então temos $p < x < q$.

• Se $x < 0$, então $-x > 0$. Logo, pelo primeiro caso, existe $-p \in \mathbb{N}$ tal que

$$0 < -x < -p \Leftrightarrow p < x < q = 0.$$

(**ii**) Seja $X = \{m \in \mathbb{N} : x < p + m\}$.

• $X \neq \varnothing$.

De fato, do item (**i**) existem $p, q \in \mathbb{Z}$ tal que $p < x < q$. Daí, $m = q - p \in X$, pois $x - p < m$. Logo, $X \neq \varnothing$.

Como $\varnothing \neq X \subset \mathbb{N}$, segue do princípio da boa ordenação que X tem um elemento menor $m_0 \in X$, i.e.,

$$x < p + m_0 \tag{3.3.2}$$

e para todo $m \in \mathbb{N}$ tal que $m < m_0$, então $m \notin X$. Logo, $p + m \leqslant x$.

Tomando $m = m_0 - 1$, temos

$$p + (m_0 - 1) \leqslant x. \tag{3.3.3}$$

Denotando por $n = p + m_0 - 1$, de (3.3.2) e (3.3.3), segue que

$$n \leqslant x < n + 1.$$

• **Unicidade de n.**

Sejam $n, n' \in \mathbb{Z}$, $n \neq n'$ tais que

$$n \leqslant x < n + 1 \quad \text{e}$$
$$n' \leqslant x < n' + 1.$$

Sem perda de generalidade, podemos supor que $n' < n$. Então $n - n' \geqslant 1$, daí $n' + 1 \leqslant n$ e

$$x < n' + 1 \leqslant n \leqslant x.$$

Segue que $x < x$, o que é um absurdo. Logo, $n = n'$. □

Exemplo 3.3.14 *Dado $x > 0$, mostre que existe um único $n \in \mathbb{N}$ tal que*

$$\tfrac{n(n-1)}{2} \leqslant x < \tfrac{n(n+1)}{2}.$$

Solução. Como $x > 0$, consideremos o número real positivo $y = \sqrt{2x + \frac{1}{4}} + \frac{1}{2}$. Pelo Teorema 3.3.13, existe um único $n \in \mathbb{N}$ tal que $n \leqslant y < n + 1$, ou seja,

$$\begin{aligned}
n \leqslant y < n+1 &\Leftrightarrow n \leqslant \sqrt{2x + \tfrac{1}{4}} + \tfrac{1}{2} < n+1 \\
&\Leftrightarrow n - \tfrac{1}{2} \leqslant \sqrt{2x + \tfrac{1}{4}} < n + 1 - \tfrac{1}{2} \\
&\Leftrightarrow n - \tfrac{1}{2} \leqslant \sqrt{2x + \tfrac{1}{4}} < n + \tfrac{1}{2} \\
&\Leftrightarrow (n - \tfrac{1}{2})^2 \leqslant 2x + \tfrac{1}{4} < (n + \tfrac{1}{2})^2 \\
&\Leftrightarrow n^2 - n + \tfrac{1}{4} \leqslant 2x + \tfrac{1}{4} < n^2 + n + \tfrac{1}{4} \\
&\Leftrightarrow n^2 - n \leqslant 2x < n^2 + n \\
&\Leftrightarrow \tfrac{n(n-1)}{2} \leqslant x < \tfrac{n(n+1)}{2}.
\end{aligned}$$

□

O seguinte resultado nos diz que, dado qualquer número real, existe um número racional que está perto do número real.

Teorema 3.3.15 (Densidade de $\mathbb{Q}$ em $\mathbb{R}$) *Seja $\alpha \in \mathbb{R}$ qualquer. Então, dado $\varepsilon > 0$, existe $r \in \mathbb{Q}$ tal que $|\alpha - r| < \varepsilon$.*

Demonstração. Dado $\varepsilon > 0$, existe $n \in \mathbb{N}$ tal que $\frac{1}{n} < \varepsilon$. Vamos mostrar que existe $r \in \mathbb{Q}$ tal que $|\alpha - r| < \frac{1}{n}$. Se $\alpha = 0$, o resultado está satisfeito. Vamos supor que $\alpha \neq 0$. Suponhamos que $\alpha > 0$, tomemos o número real αn e definamos $B = \{m \in \mathbb{N} : m > \alpha n\}$. Como $\mathbb{N}$ não é limitado superiormente, segue que $B \neq \emptyset$. O princípio da boa ordenação garante que existe o menor elemento de B. Denotemos por m_0 o menor elemento de B. Logo, $m_0 > \alpha n$ (pois $m_0 \in B$) e $m_0 - 1 \leqslant \alpha n$ (pois $m_0 - 1 \notin B$). Assim, $m_0 - 1 \leqslant \alpha n < m_0$ Disso segue que $\frac{m_0}{n} - \frac{1}{n} \leqslant \alpha < \frac{m_0}{n} < \frac{m_0}{n} + \frac{1}{n}$. Portanto, tomando $r = \frac{m_0}{n} \in \mathbb{Q}$ temos $|\alpha - r| < \varepsilon$. Se $\alpha < 0$, aplicando o resultado anterior para $-\alpha \in \mathbb{R}$, existe $b \in \mathbb{Q}$ tal $|(-\alpha) - b| < \varepsilon$. Tomando $r = -b \in \mathbb{Q}$, resolvemos o problema. □

Corolário 3.3.16 *Entre dois números reais sempre existe um número racional.*

Demonstração. Sejam $x, y \in \mathbb{R}$. Suponhamos que $0 < x < y$. Pelo item (*iii*) do Teorema 3.3.3, existe $n \in \mathbb{N}$ tal que $n(y-x) > 1$. Denotamos por $B = \{k \in \mathbb{N} : k > ny\}$. Repetindo a demonstração do teorema anterior, existe $m \in B \subset \mathbb{N}$ tal que $m - 1 < ny < m$. Assim, temos

$$\frac{1}{n} < y - x \quad \text{e} \quad \frac{m-1}{n} < y < \frac{m}{n}. \tag{3.3.4}$$

Da segunda desigualdade em (3.3.4), temos $0 < y - \frac{m-1}{n} < \frac{m}{n} - \frac{m-1}{n} = \frac{1}{n}$. Usando a primeira desigualdade em (3.3.4), segue que $x < \frac{m-1}{n}$. Agora, usando a segunda desigualdade em (3.3.4), temos $x < \frac{m-1}{n} < y$. Portanto, tomando $r = \frac{m-1}{n} \in \mathbb{Q}$, o resultado está provado. Para o caso $x < y < 0$, usar o raciocínio anterior para $0 < -y < -x$. □

Agora vamos apresentar um resultado famoso no conjunto dos números reais. Este é chamado o *teorema dos intervalos encaixados*.

Teorema 3.3.17 (Intervalos encaixados) *Dada uma sequência descrescente $I_1 \supset I_2 \supset \cdots \supset I_n \supset \cdots$ de intervalos limitados $I_n = [a_n, b_n]$, então existe pelo menos um número real c tal que $c \in I_n$ para todo $n \in \mathbb{N}$.*

Além disso, se para todo $\varepsilon > 0$ existe $n \in \mathbb{N}$ tal que $b_n - a_n < \varepsilon$, então c é único.

Demonstração. As inclusões $I_n \supset I_{n+1}$ significam que

$$a_1 \leqslant a_2 \leqslant \cdots a_n \leqslant b_n \leqslant \cdots \leqslant b_2 \leqslant b_1.$$

O conjunto $A = \{a_1, a_2, \cdots, a_n, \cdots\}$ é limitado superiormente. Logo existe $\mathbb{R} \ni c = \sup(A)$. É claro que $a_n \leqslant c$ para todo $n \in \mathbb{N}$. Além disso, como cada b_n é cota superior de A, temos que $c \leqslant b_n$ para todo $n \in \mathbb{N}$. Portanto, $a_n \leqslant c \leqslant b_n$ e daí $c \in I_n$, para todo $n \in \mathbb{N}$.

Suponhamos que para todo $\varepsilon > 0$ existe $n \in \mathbb{N}$ tal que $b_n - a_n < \varepsilon$. Suponha que existam c e d comuns a todos os intervalos com $c \neq d$, digamos, $c < d$. Observe que $b_n - a_n = d - c + (c - a_n) + (b_n - d) \geqslant d - c$. Logo, tomando $\varepsilon = \frac{d-c}{2} > 0$, temos $2\varepsilon = d - c \leqslant b_n - a_n < \varepsilon$, o que é absurdo. Portanto $c = d$. □

Teorema 3.3.18 *Seja $\varnothing \neq X \subset \mathbb{R}$ e limitado. Definamos o conjunto $kX = \{kx; x \in X\}$. Mostre que:*

(**a**) *Se $k \geqslant 0$, então*

$$\sup(kX) = k\sup(X), \quad \inf(kX) = k\inf(X).$$

(**b**) *Se $k < 0$, então*

$$\sup(kX) = k\inf(X), \quad \inf(kX) = k\sup(X).$$

Demonstração. (**a**) O resultado é obvio se $k = 0$. Consideremos $k > 0$. Denotemos por $L = \sup(X)$, então

(**i**) $x \leqslant L$, para todo $x \in X$.

(**ii**) Para todo $\varepsilon > 0$, existe $x_\varepsilon \in X$ tal que

$$L - \varepsilon < x_\varepsilon \leqslant L.$$

Como $k > 0$, segue de (**i**) que $kx \leqslant kL$, para todo $x \in X$. Logo, kL é uma cota superior de kX, ou seja, kX é limitado superiormente.

Tomando $\varepsilon_1 = \frac{\varepsilon}{k}$, segue de (**ii**) que existe $x_{\varepsilon_1} \in X$ tal que

$$L - \varepsilon_1 < x_\varepsilon \leqslant L.$$

Agora,

$$\begin{aligned} L - \varepsilon_1 < x_{\varepsilon_1} \leqslant L &\Leftrightarrow L - \frac{\varepsilon}{k} < x_\varepsilon \leqslant L \\ &\Leftrightarrow kL - \varepsilon < kx_\varepsilon \leqslant kL. \end{aligned}$$

Da última desigualdade, segue que, dado $\varepsilon > 0$, existe $kx_\varepsilon \in kX$ tal que

$$kL - \varepsilon < kx_\varepsilon \leqslant kL.$$

Portanto, $\sup(kX) = kL = k\sup(X)$.

De forma análoga, se mostra para $k > 0$ que $\inf(kX) = k\inf(X)$.

(**b**) Denotemos por $l = \inf(X)$. Então,

(**i**) $l \leqslant x$, para todo $x \in X$.

(**ii**) Para todo $\varepsilon > 0$, existe $x_\varepsilon \in X$ tal que

$$l \leqslant x_\varepsilon < l + \varepsilon.$$

Como $k < 0$, segue de (**i**) que $kl \geqslant kx$, para todo $x \in X$. Logo, kl é uma cota superior de kX, ou seja, kX é limitado superiormente.

Tomando $\varepsilon_2 = \frac{\varepsilon}{-k} > 0$, segue de (**ii**) que existe $x_{\varepsilon_2} \in X$ tal que

$$l \leqslant x_{\varepsilon_2} < l + \varepsilon_2.$$

Agora,

$$\begin{aligned} l \leqslant x_{\varepsilon_2} < l + \varepsilon_2 &\Leftrightarrow l \leqslant x_\varepsilon < l + \frac{\varepsilon}{-k} \\ &\Leftrightarrow kl - \varepsilon < kx_\varepsilon \leqslant kl. \end{aligned}$$

Da última desigualdade, segue que, dado $\varepsilon > 0$, existe $kx_\varepsilon \in kX$ tal que

$$kl - \varepsilon < kx_\varepsilon \leqslant kl.$$

Portanto, $\sup(kX) = kl = k\inf(X)$.

De forma análoga se mostra que $\inf(kX) = k\sup(X)$, para $k < 0$. □

Corolário 3.3.19 *Seja $\varnothing \neq X \subset \mathbb{R}$ limitado. Se $Y := -X = \{-x : x \in X\}$, então*

$$\sup(Y) = -\inf(X) \;\; e \;\; \inf(Y) = -\sup(X).$$

Demonstração. Fazendo $k = -1$ no item (**b**) do Teorema 3.3.18 obtemos o resultado.

□

Sejam $\varnothing \neq A, B \subset \mathbb{R}$. Definamos os conjuntos

$$A + B = \{x + y : x \in A, y \in B\}$$

$$A - B = \{x - y : x \in A, y \in B\}$$

Proposição 3.3.20 *Se $\varnothing \neq A, B \subset \mathbb{R}$ são limitados, então*

(**a**) $\sup(A + B) = \sup A + \sup B$ *e* $\inf(A + B) = \inf A + \inf B$.

(**b**) $\sup(A - B) = \sup A - \inf B$ *e* $\inf(A - B) = \inf A - \sup B$.

Demonstração. (**a**) Denotando por $a = \sup A$ e por $b = \sup B$, tem-se $x \leqslant a$ para todo $x \in A$ e $y \leqslant b$ para todo $y \in B$. Daí, $x + y \leqslant a + b$, ou seja, $a + b$ é uma cota superior para o conjunto $A + B$.

Por outro lado, dado $\varepsilon > 0$, existem $x_\varepsilon \in A$ e $y_\varepsilon \in B$ tais que $a - \frac{\varepsilon}{2} < x_\varepsilon$ e $b - \frac{\varepsilon}{2} < y_\varepsilon$. Daí, $a + b - \varepsilon < x_\varepsilon + y_\varepsilon$. Isso mostra que $a + b$ é a menor das cotas superior de $A + B$, ou seja, $\sup(A + B) = \sup A + \sup B$.

A demonstração da igualdade $\inf(A + B) = \inf A + \inf B$ é de modo análogo. Por isso, a deixamos como exercício para o leitor.

(**b**) Segue do item (**a**) que

$$\sup(A - B) = \sup(A + (-B)) = \sup A + \sup(-B).$$

Pelo Corolário 3.3.19, segue que $\sup(A - B) = \sup A - \inf(B)$. Analogamente, usando o Corolário 3.3.19, temos $\inf(A - B) = \inf(A) + \inf(-B) = \inf A - \sup(B)$. □

Proposição 3.3.21 *Sejam $A, A', B, B' \subset \mathbb{R}$ subconjuntos limitados satisfazendo $A' \subset A$ e $B' \subset B$. Se para cada $a \in A$ e cada $b \in B$ existem $a' \in A'$ e $b' \in B'$ tais que $a \leqslant a'$ e $b' \leqslant b$, então* $\sup(A') = \sup(A)$ *e* $\inf(B') = \inf(B)$.

Demonstração. Como $A' \subset A$, $\sup(A)$ é uma cota superior de A'. Além disso, se $c < \sup A$ existe $a \in A$ com $c < a$ (pela condição ($\mathbf{S}_2'$) da Definição 3.1.5). Logo, por hipótese, existe $a' \in A'$ com $c < a \leqslant a'$, Portanto, c não é cota superior de A'. Assim, $\sup(A)$ é a menor das cotas superiores de A', isto é, $\sup(A) = \sup(A')$.

Agora, como $B' \subset B$, $\inf(B)$ é uma cota inferior de B'. Além disso, se $d > \inf B$, existe $b \in B$ com $b < d$ (pela condição ($\mathbf{I}_2'$) da Definição 3.1.7). Logo, por hipótese, existe $b' \in B'$ com $b' \leqslant b < d$, Portanto, d não é cota inferior de B'. Assim, $\inf B$ é a maior das cotas inferiores de B', isto é, $\inf(B) = \inf(B')$. □

3.4 Exercícios

1. Se $y > 0$, mostre que existe $n \in \mathbb{N}$ tal que $\frac{1}{2^n} < y$.

2. Sem extrair a raiz quadrada, encontre:

   (**a**) um número real x entre $\sqrt{10}$ e $\sqrt{11}$.

   (**b**) um número inteiro x tal que $-5\sqrt{3} < x < -3\sqrt{2}$.

   (**c**) um número racional entre $\sqrt{10}$ e $\sqrt{11}$.

3. Considere o conjunto $X = \left\{\frac{1}{n} : n \in \mathbb{N}\right\}$. Mostre que $\sup(X) = 1$ e $\inf(X) = 0$.

4. Seja $X = \left\{1 - \frac{1}{n} : n \in \mathbb{N}\right\}$. Mostre que $\sup(X) = 1$.

5. Que podemos concluir sobre um subconjunto $\varnothing \neq A \subset \mathbb{R}$ para o qual vale $\sup(A) = \inf(A)$?

6. Se $\varnothing \neq X, Y \subset \mathbb{R}$ tal que $x \leqslant y$ para todo $x \in X$ e todo $y \in Y$, então mostre que $\sup(X) \leqslant \inf(Y)$.

7. Sejam $\varnothing \neq X \subset \mathbb{R}$ limitado e $r \in \mathbb{R}$ tal que $x - y < r$ para todo $x, y \in X$. Mostre que $\sup(X) - \inf(X) \leqslant r$.

8. Sejam $\varnothing \neq X, Y \subset \mathbb{R}$ limitados. Mostre que:

   (a) $\sup(X \cup Y) = \max\{\sup(X), \sup(Y)\}$.
   (b) $\inf(X \cup Y) = \min\{\inf(X), \inf(Y)\}$.
   (c) Se $X \cap Y \neq \varnothing$, então $\sup(X \cap Y) \leqslant \min\{\sup(X), \sup(Y)\}$.
   (d) Se $X \cap Y \neq \varnothing$, então $\inf(X \cap Y) \geqslant \max\{\inf(X), \inf(Y)\}$.

9. Sejam $\varnothing \neq X \subset \mathbb{R}$ e $k \in \mathbb{R}$ fixo. Definamos $Y = k - X = \{k - x : x \in X\}$.

   (**i**) Se X é limitado superiormente, então mostre que:

   (a) Y tem ínfimo. (b) $\inf(Y) = k - \sup(X)$.

   (**ii**) Se X é limitado inferiormente, então mostre que:

   (a) Y tem supremo. (b) $\sup(Y) = k - \inf(X)$.

10. Seja $\varnothing \neq X \subset \mathbb{R}$ limitado. Definamos $|X| = \big\{|x| : x \in X\big\}$. Mostre que $\sup(|X|) - \inf(|X|) \leqslant \sup(X) - \inf(X)$.

Solução de alguns exercícios

Exercícios Seção 1.2

2. Suponhamos que $A \neq \varnothing$, então, pelo PBO, A possui menor elemento, que denotaremos por a. Assim, $n < a < n+1$. Logo, $0 < a-n < 1$. Daí, $0 < a(a-n) < a$. Absurdo, já que a é elemento mínimo de A.

4. $P(n) : 1^3+2^3+3^3+\cdots+n^3 = \frac{n^2(n+1)^2}{4}$, $n \in \mathbb{N}$.

i) $P(1) : 1^3 = \frac{1^2(1+1)^2}{4} = 1$. Ok

ii) $P(k) \Rightarrow P(k+1)$.

$$\begin{aligned} P(k+1) : 1^3+2^3+3^3+\cdots+k^3+(k+1)^3 &= \tfrac{k^2(k+1)^2}{4}+(k+1)^3 \\ &= (k+1)^2(\tfrac{k^2}{4}+k+1) \\ &= (k+1)^2(\tfrac{k^2+4(k+1)}{4}) \\ &= \tfrac{(k+1)^2(k+2)^2}{4}. \end{aligned}$$

Logo, $P(n)$ vale para todo $n \in \mathbb{N}$.

7. $P(n) : \underbrace{111\cdots1}_{n1's} = \frac{10^n-1}{9}$, $n \in \mathbb{N}$.

i) $P(1) : 1 = \frac{10^1-1}{9} = 1$. Ok

ii) $P(k) \Rightarrow P(k+1)$.

De fato, $P(k+1) : \underbrace{111\cdots1}_{(k+1)1's} = 10^k + \underbrace{111\cdots1}_{k1's} = 10^k + \frac{10^k-1}{9} = \frac{10^{k+1}-1}{9}$.

Logo, $P(n)$ vale para todo $n \in \mathbb{N}$.

9. $P(n) : n < 3^n$, $n \in \mathbb{N}$.

i) $P(1) : 1 < 3^1$. Ok

$ii)$ $P(k) \Rightarrow P(k+1)$. De fato, como $3^{k+1} = 3^k \cdot 3 > k \cdot 3 = k + 2k > k+1$, segue que $P(k+1)$ vale. Logo, $P(n)$ vale para todo $n \in \mathbb{N}$.

11. $P(n) : 1^2 + 2^2 + \cdots + n^2 > \frac{n^3}{3}$, $n \in \mathbb{N}$.

$i)$ $P(1) : 1^2 > \frac{1^3}{3}$. Ok

$ii)$ $P(k) \Rightarrow P(k+1)$. De fato, observe que

$$
\begin{aligned}
1^2 + 2^2 + \cdots + k^2 + (k+1)^2 &> \tfrac{k^3}{3} + (k+1)^2 = \tfrac{1}{3}(k^3 + 3k^2 + 6k + 3) = \tfrac{1}{3}\left[(k+1)^3 + 3k + 2\right] \\
&> \tfrac{(k+1)^3}{3}.
\end{aligned}
$$

Daí, $P(k+1)$ vale.

Logo, $P(n)$ vale para todo $n \in \mathbb{N}$.

13. $P(n) : 8^n - 3^n$, $n \in \mathbb{N}$, é divisível por 5.

$i)$ $P(1) : 8^1 - 3^1 = 5$ é divisível por 5. Ok

$ii)$ $P(k) \Rightarrow P(k+1)$. De fato, se $8^k - 3^k$ é divisível por 5, existe $l \in \mathbb{N}$ tal que $8^k - 3^k = 5l$. Daí, $8^{k+1} - 8 \cdot 3^k = 5(8l)$, i.e., $8^{k+1} - 3^{k+1} = 5(8l + 3^k)$ é divisível por 5, ou seja, $P9k+1)$ vale.

Logo, $P(n)$ vale para todo $n \in \mathbb{N}$.

15. $P(n) : n^3 + (n+1)^3 + (n+2)^3$, $n \in \mathbb{N}$, é múltiplo de 3.

$i)$ $P(1) : 1^3 + (1+1)^3 + (1+2)^3 = 1 + 8 + 27 = 36 = 3 \cdot 12$ é múltiplo de 3. Ok

$ii)$ $P(k) \Rightarrow P(k+1)$. De fato, se $P(k)$ vale, então existe $l \in \mathbb{N}$ tal que $k^3 + (k+1)^3 + (k+2)^3 = 3l$. Assim,

$$
\begin{aligned}
(k+1)^3 + (k+2)^3 + (k+3)^3 &= k^3 + (k+1)^3 + (k+2)^3 + 3k^2 \cdot 3 + 3k \cdot 3^2 + 3^3 \\
&= 3l + 3 \cdot (3k^2 + 9k + 9),
\end{aligned}
$$

ou seja, $P(k+1)$ vale. Logo, $P(n)$ vale para todo $n \in \mathbb{N}$.

Exercícios Seção 1.4

1. Como $1 \cdot x = x$ para todo $x \in \mathbb{R}$, segue que $1^{-1} = 1 \cdot 1^{-1} = 1$ (pois $a \cdot a^{-1} = 1$).

3. Observe que $x + z = x + z$ para todo $x, z \in \mathbb{R}$. Como $x = y$, segue que $x + z = y + z$.

5. Suponhamos que $x \neq 0$. Logo, existe $x^{-1} \neq 0$. Assim, $x^{-1}(x^2) = x^{-1}(0) \Leftrightarrow (x^{-1} \cdot x)x = 0 \Leftrightarrow 1 \cdot x = 0$. Absurdo. Portanto, se $x^2 = 0$, então $x = 0$.

7. $(x+y)(x-y) = x(x-y)+y(x-y) = x^2+x(-y)+yx+y(-y) = x^2-xy+xy-y^2 = x^2-y^2$.

9. $\frac{x}{y} = \frac{z}{w} \Leftrightarrow xy^{-1} = zw^{-1} \Leftrightarrow (xy^{-1})w = (zw^{-1})w \Leftrightarrow (xw)y^{-1} = z(ww^{-1}) \Leftrightarrow (xw)y^{-1} = z \Leftrightarrow (xw)y^{-1}y = zy \Leftrightarrow xw = zy$.

11. $\frac{\frac{x}{y}}{\frac{z}{w}} = \frac{x}{y}\cdot(\frac{z}{w})^{-1} = xy^{-1}\cdot(zw^{-1})^{-1} = xy^{-1}z^{-1}(w^{-1})^{-1} = x(yz)^{-1}w = xw(w^{-1})^{-1} = \frac{xw}{yz}$.

13. $ax+b=0 \Leftrightarrow ax+b+(-b) = 0+(-b) \Leftrightarrow ax+0 = -b \Leftrightarrow ax = -b \Leftrightarrow a^{-1}(ax) = a^{-1}(-b) \Leftrightarrow (a^{-1}a)x = (-b)a^{-1} \Leftrightarrow 1\cdot x = (-b)a^{-1} \Leftrightarrow x = (-b)a^{-1}$.

15. **(a)** Completando quadrados temos: $3x^2-6x-9 = 3(x^2-2x-3) = 3(x^2-2x+1-1-3) = 3((x-1)^2-4) = 3(x-1+2)(x-1-2) = 3(x+1)(x-3)$. Logo, $3x^2-6x-9 = 0 \Leftrightarrow 3(x+1)(x-3) = 0 \Leftrightarrow x = -1$ ou $x = 3$.

(b) Completando quadrados temos: $2x^2-6x-1 = 2(x^2-3x-\frac{1}{2}) = 2(x^2-3x+(\frac{3}{2})^2-(\frac{3}{2})^2-\frac{1}{2}) = 2((x-\frac{3}{2})^2-\frac{11}{4}) = 2(x-\frac{3}{2}-\frac{\sqrt{11}}{2})(x-\frac{3}{2}+\frac{\sqrt{11}}{2}) = 2(x-\frac{3+\sqrt{11}}{2})(x-\frac{3-\sqrt{11}}{2})$. Logo, $2x^2-6x-1 = 0 \Leftrightarrow 2(x-\frac{3+\sqrt{11}}{2})(x-\frac{3-\sqrt{11}}{2}) = 0 \Leftrightarrow x = \frac{3+\sqrt{11}}{2}$ ou $x = \frac{3-\sqrt{11}}{2}$.

(c) Completando quadrados temos: $x^3+2x^2-3x = x(x^2+2x-3) = x(x^2+2x+1-1-3) = x((x+1)^2-4) = x(x+1+2)(x+1-2) = x(x+3)(x-1)$. Logo, $x^3+2x^2-3x = 0 \Leftrightarrow x(x+3)(x-1) = 0 \Leftrightarrow x = 0$ ou $x = -3$ ou $x = 1$.

(d) Completando quadrados temos: $3x^3+x^2-10x = x(3x^2+x-10) = 3x(x^2+\frac{1}{3}x-\frac{10}{3}) = 3x(x^2+\frac{1}{3}x+(\frac{1}{6})^2-(\frac{1}{6})^2-\frac{10}{3}) = 3x((x+\frac{1}{6})^2-\frac{121}{36}) = 3x(x+\frac{1}{6}+\frac{11}{6})(x+\frac{1}{6}-\frac{11}{6}) = 3x(x+2)(x-\frac{5}{3}) = x(x+2)(3x-5)$. Logo, : $3x^3+x^2-10x = 0 \Leftrightarrow x(x+2)(3x-5) = 0 \Leftrightarrow x = 0$ ou $x = -2$ ou $x = \frac{5}{3}$.

Exercícios Seção 2.2

1. $x < y \Leftrightarrow x+(-x) < y+(-x) \Leftrightarrow 0 < y+(-x) \Leftrightarrow 0+(-y) < y+(-x)+(-y) \Leftrightarrow -y < -x$.

3. $0 < x < 1 \Rightarrow x\cdot 0 < x\cdot x < x\cdot 1 \Leftrightarrow 0 < x^2 < x < 1$.

5. Suponhamos que $x \neq 0$. Tomando $h = \frac{x}{2}$, segue que $0 \leqslant x < \frac{x}{2}$. Daí, $2x < x$, i.e., $2 < 1$. Absurdo. Portanto, se $0 \leqslant x < h$ para todo $h > 0$, então $x = 0$.

7. **(a)** (i)$x < y \Rightarrow x+x < x+y \Leftrightarrow x < \frac{x+y}{2}$. (ii) $x < y \Rightarrow x+y < y+y \Leftrightarrow \frac{x+y}{2} < y$. De

(i) e (ii) concluímos (**a**).

(b) (i)$x < y \Rightarrow qx < qy \Rightarrow px + qx < px + qy \Leftrightarrow (p+q)x < px + qy \Leftrightarrow x < \frac{px+qy}{p+q}$. (ii) $x < y \Rightarrow px < py \Leftrightarrow px + qy < py + qy \Leftrightarrow px + qy < (p+q)y \Leftrightarrow \frac{px+qy}{p+q} < y$. De (i) e (ii) concluímos (**b**).

9. $(\sqrt{x} - \sqrt{y})^2 \geqslant 0 \Leftrightarrow (\sqrt{x})^2 - 2\sqrt{x}\sqrt{y} + (\sqrt{y})^2 \geqslant 0 \Leftrightarrow x - 2\sqrt{xy} + y \geqslant 0 \Leftrightarrow x + y \geqslant 2\sqrt{xy} \Leftrightarrow \sqrt{xy} \leqslant \frac{x+y}{2}$.

11. $(a-b)^2 \geqslant 0 \Leftrightarrow a^2 - 2ab + b^2 \geqslant 0 \Leftrightarrow a^2 + b^2 \geqslant 2ab \Leftrightarrow \frac{a^2+b^2}{ab} \geqslant 2 \Leftrightarrow \frac{a}{b} + \frac{b}{a} \geqslant 2$.

13. $(a-b)^2 + (b-c)^2 + (a-c)^2 \geqslant 0 \Leftrightarrow a^2 - 2ab + b^2 + b^2 - 2bc + c^2 + a^2 - 2ac + c^2 \geqslant 0 \Leftrightarrow 2(a^2 + b^2 + c^2) \geqslant 2(ab + bc + ac) \Leftrightarrow a^2 + b^2 + c^2 \geqslant ab + bc + ac$.

15. **(a)** $(ay - bx)^2 \geqslant 0 \Leftrightarrow a^2y^2 - 2(ay)(bx) + b^2x^2 \geqslant 0 \Leftrightarrow a^2y^2 + b^2x^2 \geqslant 2abxy \Leftrightarrow a^2y^2 + xya^2 + b^2x^2 + xyb^2 \geqslant 2abxy + xya^2 + xyb^2 \Leftrightarrow ya^2(x+y) + xb^2(x+y) \geqslant xy(a+b)^2 \Leftrightarrow ya^2 + xb^2 \geqslant xy\frac{(a+b)^2}{x+y} \Leftrightarrow \frac{ya^2+xb^2}{xy} \geqslant \frac{(a+b)^2}{x+y} \Leftrightarrow \frac{a^2}{x} + \frac{b^2}{y} \geqslant \frac{(a+b)^2}{x+y}$.

(b) Aplicando duas vezes o item **(a)** obtemos $\frac{a^2}{x} + \frac{b^2}{y} + \frac{c^2}{z} \geqslant \frac{(a+b)^2}{x+y} + \frac{c^2}{z} \geqslant \frac{(a+b+c)^2}{x+y+z}$.

17. **(a)** $\mathbb{R}$. **(b)** $\mathbb{R}\backslash\{0\} = (-\infty, 0) \cup (0, +\infty)$. **(c)** $x = 2$. **(d)** $\mathbb{R}$. **(e)** $\mathbb{R}\backslash\{-1\} = (-\infty, -1) \cup (-1, +\infty)$. **(f)** $\varnothing$.

19. **(i)** $x \in (-\infty, -3) \cup (2, +\infty)$. **(ii)** $x \in (-3, 2)$. **(iii)** $x \in (-\infty, -3) \cup [2, +\infty)$. **(iv)** $x \in (-3, 2]$.

Exercícios Seção 2.4

1. $-16x^2 + 64x \geqslant 55 \Leftrightarrow 16x^2 - 64x \leqslant -55 \Leftrightarrow 16x^2 - 64x + 55 \leqslant 0$.

Vamos completar quadrados: $16x^2 - 64x + 55 = 16(x^2 - 4x + \frac{55}{16}) = 16(x^2 - 4x + 4 - 4 + \frac{55}{16}) = 16((x-2)^2 - \frac{9}{16}) = 16(x - 2 + \frac{3}{4})(x - 2 - \frac{3}{4}) = 16(x - \frac{5}{4})(x - \frac{11}{4})$. Usando o método dos pontos críticos, concluímos que $x \in [\frac{5}{4}, \frac{11}{4}]$.

3. $x^3 + 1 > x^2 + x \Leftrightarrow x^3 - x^2 - x + 1 > 0 \Leftrightarrow x^2(x-1) - (x-1) > 0 \Leftrightarrow (x-1)(x^2-1) > 0 \Leftrightarrow (x-1)^2(x+1) > 0 \Leftrightarrow x + 1 > 0 \wedge x \neq 1 \Leftrightarrow x \in (-1, +\infty)\backslash\{1\} \Leftrightarrow x \in (-1, 1) \cup (1, +\infty)$.

5. $(x^2 - 256)(x^3 + 27)x^2 < 0 \Leftrightarrow (x^2 - 16^2)(x^3 + 3^3) < 0 \wedge x \neq 0$

7. $-3(2x-1)(2-3x-2x^2)(x^4-x^2) \geqslant 0 \Leftrightarrow 3(2x-1)(2x^2+3x-2)(x^4-x^2) \geqslant 0 \Leftrightarrow 3(2x-1)(2x-1)(x+2)x^2(x^2-1) \geqslant 0 \Leftrightarrow 3(2x-1)^2x^2(x+2)(x+1)(x-1) \geqslant 0 \Leftrightarrow (x+2)(x+1)(x-1) \geqslant 0, x = 0, x = \frac{1}{2} \Leftrightarrow x \in [-2, -1] \cup [1, +\infty) \cup \{0, \frac{1}{2}\}$.

9. Observe que $(x-1)(x^2-2x-24) = (x-1)(x-6)(x+4)$. Logo, (**a**) $x \in (-4,1) \cup (6,+\infty)$. (**b**) $x \in [-4,1] \cup [6,+\infty)$. (**c**) $x \in (-\infty,-4) \cup (1,6)$. (**d**) $x \in (-\infty,-4) \cup [1,6]$.

Exercícios Seção 2.6

1. $\sqrt{x} = 0 \Leftrightarrow \sqrt{x}\cdot\sqrt{x} = \sqrt{x}\cdot 0 \Leftrightarrow (\sqrt{x})^2 = 0 \Leftrightarrow x = 0$.

3. $0 \leqslant x \leqslant y \Leftrightarrow 0 \leqslant (\sqrt{x})^2 \leqslant (\sqrt{y})^2 \Leftrightarrow 0 \leqslant \sqrt{x} \leqslant \sqrt{y}$.

5. $(\sqrt{x} \leqslant \sqrt{x}+\sqrt{y} \leqslant 0) \wedge (\sqrt{y} \leqslant \sqrt{x}+\sqrt{y} \leqslant 0) \Leftrightarrow (\sqrt{x} \leqslant 0 \wedge \sqrt{y} \leqslant 0) \Leftrightarrow x = 0 \wedge y = 0$.

7. $\sqrt{x-3} < 5 \Leftrightarrow x-3 \geqslant 0 \wedge [5 > 0 \wedge x-3 < 5^2] \Leftrightarrow x \geqslant 3 \wedge x < 28 \Leftrightarrow 3 \leqslant x < 28$.

9. $\sqrt{x-3} < \sqrt{5-x} \Leftrightarrow x-3 \geqslant 0 \wedge 5-x \geqslant 0 \wedge (\sqrt{x-3})^2 < (\sqrt{5-x})^2 \Leftrightarrow x \geqslant 3 \wedge x \leqslant 5 \wedge x-3 < 5-x \Leftrightarrow 3 \leqslant x \leqslant 5 \wedge x < 4 \Leftrightarrow 3 \leqslant x < 4$.

Exercícios Seção 2.8

1. (**i**) $|x| = |x+y+(-y)| \leqslant |x+y|+|y| \Rightarrow |x|-|y| \leqslant |x+y|$. (**ii**) $|y| = |x+y+(-x)| \leqslant |x+y|+|x| \Rightarrow |x|-|y| \geqslant -|x+y|$. De (**i**) e (**ii**) segue que $||x|-|y|| \leqslant |x+y|$.

3. Sem perda de generalidade, suponhamos que $0 \leqslant a \leqslant b$. (**i**) $|ax+by| \leqslant a|x|+b|y|$. (**ii**) $|ax+by| = |b(x+y)-(b-a)x| \geqslant |\,|b(x+y)|-|(b-a)x|\,| = |\,b\,|x+y|-(b-a)|x|\,| = |\,b(|x|+|y|)-(b-a)|x|\,| = a|x|+b|y|$. De (**i**) e (**ii**) segue que $|ax+by| = a|x|+b|y|$.

5. (**i**) $\frac{|x|}{1+|x|}+\frac{|y|}{1+|y|} \geqslant \frac{|x|}{1+|x|+|y|}+\frac{|y|}{1+|x|+|y|} = \frac{|x|+|y|}{1+|x|+|y|}$. (**ii**) $|x+y| \leqslant |x|+|y| \Leftrightarrow \frac{1}{|x+y|} \geqslant \frac{1}{|x|+|y|} \Leftrightarrow 1+\frac{1}{|x+y|} \geqslant 1+\frac{1}{|x|+|y|} \Leftrightarrow \frac{1+|x+y|}{|x+y|} \geqslant \frac{1+|x|+|y|}{|x|+|y|} \Leftrightarrow \frac{|x+y|}{1+|x+y|} \leqslant \frac{|x|+|y|}{1+|x|+|y|}$. Usando (**ii**) em (**i**) obtemos $\frac{|x|}{1+|x|}+\frac{|y|}{1+|y|} \geqslant \frac{|x+y|}{1+|x+y|}$.

7. $P(n): |x_1+x_2+\cdots+x_n| \leqslant |x_1|+|x_2|+\cdots+|x_n|$, $n \in \mathbb{N}$. (**i**) $P(1)$. $|x_1| \leqslant |x_1|$. Ok $P(2): |x_1+x_2| \leqslant |x_1|+|x_2|$. Ok (Desigualdade triangular). (**ii**) $P(k) \Rightarrow P(k+1)$. De fato, $|x_1+x_2+\cdots+x_k+x_{k+1}| \leqslant |x_1+x_2+\cdots+x_k|+|x_{k+1}| \leqslant |x_1|+|x_2|+\cdots+|x_k|+|x_{k+1}|$. Portanto, $P(n)$ vale para todo $n \in \mathbb{N}$.

9. (**i**) $\Rightarrow]$ Se $x > 0$, então $|x| = x$. Como $|x| < a$, segue que $x < a$. Se $x < 0$, então $|x| = -x$. Como $|x| < a$, segue que $x > -a$. Portanto, se $|x| < a$, então $-a < x < a$.

(**ii**) $\Leftarrow$] Se $x > 0$, então $|x| = x$ e, como $a > x$, segue que $|x| < a$. Se $x < 0$, então $|x| = -x$ e, como $-a < x$, segue que $a > -x = |x|$.

11. Suponhamos que $x \neq y$. Então consideremos $\varepsilon = \frac{|x-y|}{2}$. Logo, $|x-y| < \frac{|x-y|}{2}$. Daí, $2 < 1$. Absurdo. Portanto, se $|x-y| < \varepsilon$, para todo $\varepsilon > 0$, então $x = y$.

13. (**a**) $|x-2| = 5 \Leftrightarrow x-2 = 5 \vee x-2 = -5 \Leftrightarrow x = 7 \vee x = -3$. (**b**) $|x+4| = 2x-6 \Leftrightarrow 2x-6 \geqslant 0 \wedge (x+4 = 2x-6 \vee x+4 = -(2x-6)) \Leftrightarrow x \geqslant 3 \wedge (x = 10 \vee x = \frac{2}{3})) \Leftrightarrow x = 10$. (**c**) $|x+3| = |2x+3| \Leftrightarrow x+3 = 2x+3 \vee x+3 = -(2x+3) \Leftrightarrow x = 0 \vee x = -2$. (**d**) $|\frac{x+8}{x+4}| = 3 \Leftrightarrow \left(\frac{x+8}{x+4} = 3 \vee \frac{x+8}{x+4} = -3\right) \wedge x \neq -4 \Leftrightarrow (x+8 = 3(x+4) \vee x+8 = -3(x+4)) \wedge x \neq -4 \Leftrightarrow (x = -2 \vee x = -5) \wedge x \neq -4 \Leftrightarrow x = -2 \vee x = -5$.

15. (**a**) $|3x-9| < x+1 \Leftrightarrow x+1 > 0 \wedge [-(x+1) < 3x-9 < x+1] \Leftrightarrow x > -1 \wedge [-x-1 < 3x-9 \wedge 3x-9 < x+1] \Leftrightarrow x > -1 \wedge [x > 2 \wedge x < 5] \Leftrightarrow 2 < x < 5$. (**b**) $|x-2| \geqslant x-4 \Leftrightarrow x-2 \geqslant x-4 \vee x-2 \leqslant -(x-2) \Leftrightarrow x \in \mathbb{R} \vee x \leqslant 2 \Leftrightarrow x \in \mathbb{R}$. (**c**) $|x-2| > x+2 \Leftrightarrow x-2 > x+2 \vee x-2 < -(x+2) \Leftrightarrow x \in \varnothing \vee x < 0 \Leftrightarrow x < 0$. (**d**) $|x^2-4| \leqslant -2x+4 \Leftrightarrow -2x+4 \geqslant 0 \wedge [-(-2x+4) \leqslant x^2-4 \leqslant -2x+4] \Leftrightarrow x \leqslant 2 \wedge [2x-4 \leqslant x^2-4 \wedge x^2-4 \leqslant -2x+4] \Leftrightarrow x \leqslant 2 \wedge [0 \leqslant x^2-2x \wedge x^2+2x-8 \leqslant 0] \Leftrightarrow x \leqslant 2 \wedge [0 \leqslant x(x-2) \wedge (x+4)(x-2) \leqslant 0] \Leftrightarrow x \in (-\infty, 2] \wedge [x \in (-\infty, 0] \cup [2, +\infty) \wedge x \in [-4, 2]] \Leftrightarrow x \in (-\infty, 2] \wedge [x \in [-4, 0] \cup \{2\}] \Leftrightarrow x \in [-4, 0] \cup \{2\}$.

Exercícios Seção 2.10

1. (**a**) $3 < \pi < 4 \Rightarrow 4 < \pi+1 < 5 \Rightarrow 4 \leqslant \pi+1 < 5 \Rightarrow [\![\pi+1]\!] = 4$.

(**b**) Observe que $4 < 5 < 9 \Rightarrow 2 < \sqrt{5} < 3 \Rightarrow 3 < \sqrt{5}+1 < 4 \Rightarrow 1 < \frac{\sqrt{5}+1}{3} < \frac{4}{3} \Rightarrow 1 \leqslant \frac{\sqrt{5}+1}{3} < 2 \Rightarrow [\![\frac{\sqrt{5}+1}{3}]\!]$.

(**c**) $4 < 6 < 9 \Rightarrow 2 < \sqrt{6} < 3 \Rightarrow 3 < \sqrt{6}+1 < 4 \Rightarrow \frac{1}{4} < \frac{1}{\sqrt{6}+1} < \frac{1}{3} \Rightarrow \frac{3}{4} < \frac{3}{\sqrt{6}+1} < \frac{3}{3} \Rightarrow 0.75 < \frac{3}{\sqrt{6}+1} < 1 \Rightarrow 0 \leqslant \frac{3}{\sqrt{6}+1} < 1 \Rightarrow [\![\frac{3}{\sqrt{6}+1}]\!] = 0$.

(**d**) Como $\frac{3-2\pi}{\pi+1} = -2 + \frac{5}{\pi+1}$, segue que $[\![\frac{3-2\pi}{\pi+1}]\!] = -2 + [\![\frac{5}{\pi+1}]\!]$.

Agora, $3 < \pi < 4 \Rightarrow 4 < \pi+1 < 5 \Rightarrow 4 < \pi+1 < 5 \Rightarrow \frac{1}{5} < \frac{1}{\pi+1} < \frac{1}{4} \Rightarrow 1 < \frac{5}{\pi+1} < \frac{5}{4} = 1{,}25 \Rightarrow 1 \leqslant \frac{5}{\pi+1} < 2 \Rightarrow [\![\frac{5}{\pi+1}]\!] = 1$.

Logo, $[\![\frac{3-2\pi}{\pi+1}]\!] = -2 + [\![\frac{5}{\pi+1}]\!] = -2+1 = -1$.

3. $x \in \mathbb{R} \Rightarrow x = [\![x]\!] + r$, $0 \leqslant r < 1$. Agora, $0 \leqslant r < 1 \Rightarrow -1 < -r \leqslant 0 \Rightarrow x-1 < x-r \leqslant x \Leftrightarrow x-1 < [\![x]\!] \leqslant x$.

5. Se $x \in [-1,1]$, então $|x| \leqslant 1$. Como $0 \leqslant |x|$ segue que $-2 \leqslant |x|-2 \leqslant -3$. Por outro lado, de $-1 \leqslant x \leqslant 1$, segue que $1 \geqslant -x \geqslant -1$, i.e., $4 \geqslant 3-x \geqslant 2$, equivalentemente, $\frac{1}{4} \leqslant \frac{1}{3-x} \leqslant \frac{1}{2}$. Logo, $\frac{|x|-2}{4} \geqslant \frac{|x|-2}{3-x} \geqslant \frac{|x|-2}{2} \Rightarrow \frac{-3}{4} \geqslant \frac{|x|-2}{3-x} \geqslant \frac{-2}{2} \Rightarrow -1 \leqslant \frac{|x|-2}{3-x} \leqslant -\frac{3}{4} \Rightarrow -1 \leqslant \frac{|x|-2}{3-x} < 0$. Logo, $[\![\frac{|x|-2}{3-x}]\!] = -1$.

7. **(a)** $[\![\frac{2x-3}{4}]\!] = -2 \Leftrightarrow -2 \leqslant \frac{2x-3}{4} < -1 \Leftrightarrow -8 \leqslant 2x-3 < -4 \Leftrightarrow -5 \leqslant 2x < -1 \Leftrightarrow -\frac{5}{2} \leqslant x < -\frac{1}{2}$.

(b) $\left[\!\!\left[\frac{3x+1}{3-2x} \right]\!\!\right] = 2 \Leftrightarrow 2 \leqslant \frac{3x+1}{3-2x} < 2+1,\, x \neq \frac{3}{2} \Leftrightarrow 2 \leqslant \frac{3x+1}{3-2x} \wedge \frac{3x+1}{3-2x} < 3,\, x \neq \frac{3}{2} \Leftrightarrow 0 \leqslant \frac{3x+1}{3-2x} - 2 \wedge \frac{3x+1}{3-2x} - 3 < 0,\, x \neq \frac{3}{2} \Leftrightarrow \frac{7x-5}{2x-3} \leqslant 0 \wedge \frac{9x-8}{2x-3} > 0,\, x \neq \frac{3}{2} \Leftrightarrow \frac{5}{7} \leqslant x < \frac{3}{2} \wedge (x < \frac{8}{9} \vee x > \frac{3}{2}) \Leftrightarrow \frac{5}{7} \leqslant x < \frac{8}{9}$.

(c) $[\![\frac{1+x}{x}]\!] = 3 \Leftrightarrow 3 \leqslant \frac{1+x}{x} < 3+1,\, x \neq 0 \Leftrightarrow 3 \leqslant \frac{1+x}{x} \wedge \frac{1+x}{x} < 4,\, x \neq 0 \Leftrightarrow 0 \leqslant \frac{1+x}{x} - 3 \wedge \frac{1+x}{x} - 4 < 0 \Leftrightarrow 0 \leqslant \frac{1-2x}{x} \wedge \frac{1-3x}{x} < 0 \Leftrightarrow \frac{2x-1}{x} \leqslant 0 \wedge \frac{3x-1}{x} > 0 \Leftrightarrow 0 < x \leqslant \frac{1}{2} \wedge (x < 0 \vee x > \frac{1}{3}) \Leftrightarrow \frac{1}{3} < x < \frac{1}{2}$.

(d) $\left[\!\!\left[\frac{[\![x+1]\!]}{2} \right]\!\!\right] = 1 \Leftrightarrow 1 \leqslant \frac{[\![x+1]\!]}{2} < 2 \Leftrightarrow 2 \leqslant [\![x+1]\!] < 4 \Leftrightarrow 2 \leqslant [\![x]\!] + 1 < 4 \Leftrightarrow 1 \leqslant [\![x]\!] < 3 \Leftrightarrow 1 \leqslant [\![x]\!] \wedge [\![x]\!] < 3 \Leftrightarrow 1 \leqslant x \wedge x < 3 \Leftrightarrow 1 \leqslant x < 3$.

9. **(a)** $[\![2x^2+5x-1]\!] \leqslant 1 \Leftrightarrow 2x^2+5x-1 < 1+1 \Leftrightarrow 2x^2+5x-3 < 0 \Leftrightarrow (2x-1)(x+3) < 0 \Leftrightarrow x \in (-3, \frac{1}{2})$.

(b) $[\![2x^2+5x-1]\!] < 1 \Leftrightarrow 2x^2+5x-1 < 1 \Leftrightarrow 2x^2+5x-2 < 0 \Leftrightarrow x^2+\frac{5}{2}x-1 < 0 \Leftrightarrow x^2+\frac{5}{2}x+(\frac{5}{4})^2-(\frac{5}{4})^2-1 < 0 \Leftrightarrow (x+\frac{5}{4})^2-(\frac{\sqrt{41}}{4})^2 < 0 \Leftrightarrow (x+\frac{5+\sqrt{41}}{4})(x-\frac{\sqrt{41}-5}{4}) < 0 \Leftrightarrow x \in (-\frac{5+\sqrt{41}}{4}, \frac{\sqrt{41}-5}{4})$.

(c) $[\![2x^2+5x-1]\!] \geqslant 1 \Leftrightarrow 2x^2+5x-1 \geqslant 1 \Leftrightarrow 2x^2+5x-2 \geqslant 0 \Leftrightarrow x^2+\frac{5}{2}x-1 \geqslant 0 \Leftrightarrow x^2+\frac{5}{2}x+(\frac{5}{4})^2-(\frac{5}{4})^2-1 < 0 \Leftrightarrow (x+\frac{5}{4})^2-(\frac{\sqrt{41}}{4})^2 \geqslant 0 \Leftrightarrow (x+\frac{5+\sqrt{41}}{4})(x-\frac{\sqrt{41}-5}{4}) \geqslant 0 \Leftrightarrow x \in (-\infty, -\frac{5+\sqrt{41}}{4}] \cup [\frac{\sqrt{41}-5}{4}, +\infty)$.

(d) $[\![2x^2+5x-1]\!] > 1 \Leftrightarrow 2x^2+5x-1 \geqslant 1+1 \Leftrightarrow 2x^2+5x-3 \geqslant 0 \Leftrightarrow (2x-1)(x+3) \geqslant 0 \Leftrightarrow x \in (-\infty, -3] \cup [\frac{1}{2}, +\infty)$.

Exercícios Seção 3.2

1. Suponhamos que $L_1 = \sup(A)$ e $L_2 = \sup(A)$. Então L_1 e L_2 são cotas superiores de A, daí $L_1 \leqslant L_2$ e $L_2 \leqslant L_1$. Logo $L_1 = L_2$.

Se $\inf(A)$ e $\sup(A)$ existem, então $A \neq \varnothing$. Seja $x \in A$, então $\inf(A) \leqslant x \leqslant \sup(A)$ e, como $\inf(A)$ é cota inferior de A e $\sup(A)$ é uma cota superior de A, segue que

$\inf(A) \leqslant \sup(A)$.

3. Seja $P(n) : n = \sharp A =$ número de elementos de A. **(i)** $P(1) : n = 1 = \sharp A$, i.e., $A = \{a\}$. Então $\sup A = a \in A$. **(ii)** $P(k) \Rightarrow P(k+1)$. Se A tem $k+1$ elementos e $a \in A$, então $A_1 = A \backslash \{a\}$ tem k elementos e $L = \sup(A_1) \in A_1$. Pelo exercício **2**, segue que $\sup(A) = \sup(A_1 \cup \{a\}) = \sup\{L,a\} = \max\{L,a\}$. Como $L \in A_1 \subset A$, segue que $L \in A$ e como $a \in A$. Logo, $\max\{L,a\} \in A$ e, portanto, $\sup(A) \in A$.

5. (a) $X = \left\{3 + \frac{n+1}{n} : n \in \mathbb{N}\right\} = \left\{4 + \frac{1}{n} : n \in \mathbb{N}\right\} = \left\{5, 4+\frac{1}{2}, \cdots, 4+\frac{1}{n}, \cdots\right\}$. Observe que $n \geqslant 1 \Rightarrow \frac{1}{n} \leqslant 1 \Rightarrow 4 + \frac{1}{n} \leqslant 5$. Por outro lado, $n \geqslant 0 \Rightarrow \frac{1}{n} > 0 \Rightarrow 4 + \frac{1}{n} > 4$. Assim, $4 < 4 + \frac{1}{n} \leqslant 5$.

• $\sup(X) = \max(X) = 5$. De fato, $\forall \varepsilon > 0$, existe $n \in \mathbb{N}$ tal que $n\varepsilon > 1$. Daí, $\varepsilon > \frac{1}{n} \Rightarrow 4 + \varepsilon < 4 + \frac{1}{n}$. Como $5 = 4 + \frac{1}{1} \in X$, segue que $\sup(X) = 5$.

• $\inf(X) = 4$. De fato, $\forall \varepsilon > 0$, existe $n \in \mathbb{N}$ tal que $n\varepsilon > 1$. Daí, $\varepsilon > \frac{1}{n} \Rightarrow 4 + \varepsilon > 4 + \frac{1}{n}$. Como $4 + \frac{1}{n} \in X$, segue que $\inf(X) = 4$.

(b) $X = \left\{-2 + \frac{2n}{n+1} : n \in \mathbb{N}\right\} = \left\{-\frac{2}{n+1} : n \in \mathbb{N}\right\} = \left\{-1, -\frac{2}{3}, \cdots, -\frac{2}{n+1}, \cdots\right\}$. Observe que $n \geqslant 1 \Rightarrow n+1 \geqslant 2 \Rightarrow \frac{1}{n+1} \leqslant \frac{1}{2} \Rightarrow -\frac{2}{n+1} \geqslant -1$. Assim, $-1 \leqslant -\frac{2}{n+1} < 0$.

• $\sup(X) = 0$. De fato, $\forall \varepsilon > 0$, existe $n \in \mathbb{N}$ tal que $(n+1)\varepsilon > 2$. Daí, $\varepsilon > \frac{2}{n+1} \Rightarrow -\varepsilon < -\frac{2}{n+1}$. Como $-\frac{2}{n+1} \in X$, segue que, $\sup(X) = 0$.

• $\inf(X) = \min(X) = -1$. De fato, dado $\varepsilon > 0$, segue que $-1 + \varepsilon > -1$ e, como $1 = -\frac{2}{1=1} \in X$, segue que $\inf(X) = -1$.

(c) $X = \left\{\frac{3-n}{n+1} : n \in \mathbb{N} \cup \{0\}\right\} = \left\{-1 + \frac{4}{n+1} : n \in \mathbb{N} \cup \{0\}\right\} = \left\{3, -1 + \frac{4}{2}, \cdots, -2 + \frac{7}{n+1}, \cdots\right\}$. Observe que $n \geqslant 0 \Rightarrow n+1 \geqslant 1 \Rightarrow \frac{1}{n+1} \leqslant 1 \Rightarrow \frac{4}{n+1} \leqslant 4 \Rightarrow -1 + \frac{1}{n+1} \leqslant 3$. Por outro lado, $n+1 > 0 \Rightarrow \frac{1}{n+1} > 0 \Rightarrow \frac{4}{n+1} > 0 \Rightarrow -1 < -1 + \frac{4}{n+1}$. Assim, $-1 < -1 + \frac{4}{n+1} \leqslant 3$.

• $\sup(X) = \max(X) = 3$. De fato, para todo $\varepsilon > 0$, segue que $3 - \varepsilon < 3$. Como $3 = -1 + \frac{4}{0+1} \in X$, segue que $\sup(X) = 3$.

• $\inf(X) = -1$. De fato, $\forall \varepsilon > 0, \exists n \in \mathbb{N} : (n+1)\varepsilon > 4$, i.e., $\varepsilon > \frac{4}{n+1} \Rightarrow -1 + \varepsilon > -1 + \frac{4}{n+1}$. Como $-1 + \frac{4}{n+1} \in X$, segue que $\inf(X) = -1$.

(d) $X = \left\{\frac{5-2n}{n+1} : n \in \mathbb{N} \cup \{0\}\right\} = \left\{-2 + \frac{7}{n+1} : n \in \mathbb{N} \cup \{0\}\right\} = \left\{5, -2 + \frac{7}{2}, \cdots, -2 + \frac{7}{n+1}, \cdots\right\}$. Observe que $n \geqslant 0 \Rightarrow n+1 \geqslant 1 \Rightarrow \frac{1}{n+1} \leqslant 1 \Rightarrow \frac{7}{n+1} \leqslant 7 \Rightarrow -2 + \frac{1}{n+1} \leqslant 5$. Por outro lado, $n+1 > 0 \Rightarrow \frac{1}{n+1} > 0 \Rightarrow \frac{4}{n+1} > 0 \Rightarrow -2 < -2 + \frac{7}{n+1}$. Assim, $-2 < -2 + \frac{7}{n+1} \leqslant 5$.

• $\sup(X) = \max(X) = 5$. De fato, para todo $\varepsilon > 0$, segue que $5 - \varepsilon < 5$. Como $3 = -2 + \frac{7}{0+1} \in X$, segue que $\sup(X) = 5$.

• $\inf(X) = -2$. De fato, $\forall \varepsilon > 0, \exists n \in \mathbb{N} : (n+1)\varepsilon > 7$, i.e., $\varepsilon > \frac{7}{n+1} \Rightarrow -2 + \varepsilon > -2 + \frac{7}{n+1}$. Como, $-2 + \frac{7}{n+1} \in X$, segue que $\inf(X) = -2$

7. (a) $X = \left\{\frac{m}{n} : m, n \in \mathbb{N}, m < n\right\}$. Como $m < n$, segue $0 < \frac{m}{n} < 1$.

• $\sup(X) = 1$. De fato, $\forall \varepsilon > 0, \exists n \in \mathbb{N} : n\varepsilon > 1$, i.e., $\varepsilon > \frac{1}{n} \Rightarrow -\varepsilon < -\frac{1}{n} \Rightarrow 1 - \varepsilon < 1 - \frac{1}{n} = \frac{n-1}{n}$. Como $\frac{n-1}{n} \in X$, segue que $\sup(X) = 1$.

• $\inf(X) = 0$. Dado $\varepsilon > 0$, existe $n \in \mathbb{N}$ tal que $n\varepsilon > 1$. Daí, $\varepsilon > \frac{1}{n}$. Como $\frac{1}{n} \in X$, segue que $\inf(X) = 0$.

(b) $X = \left\{\frac{m}{m+n} : m, n \in \mathbb{N}\right\} = \left\{1 - \frac{n}{m+n} : m, n \in \mathbb{N}\right\}$. Observe que $0 < \frac{m}{m+n} = 1 - \frac{n}{m+n} < 1$.

• $\sup(X) = 1$. De fato, $\varepsilon > 0, \exists n_0 \in \mathbb{N} : n_0\varepsilon > 1$. Daí, $\varepsilon > \frac{1}{n_0} \Leftrightarrow -\varepsilon < -\frac{1}{n_0} \Leftrightarrow 1 - \varepsilon < 1 - \frac{1}{n_0}$. Como $1 - \frac{1}{n_0} \in X$, segue que $\sup(X) = 1$.

• $\inf(X) = 0$. De fato, $\forall \varepsilon > 0, \exists n_0 \in \mathbb{N} : n_0\varepsilon > 1$. Daí, $\varepsilon > \frac{1}{n_0}$. Como $\frac{1}{n_0} \in X$, segue que $\inf(X) = 0$.

(c) $X = \left\{\frac{n}{3n+1} : n \in \mathbb{N}\right\} = \left\{\frac{1}{3}(1 - \frac{1}{3n+1}) : n \in \mathbb{N}\right\}$. Observe que $\frac{n}{3n+1} \leqslant \frac{n}{3n} = \frac{1}{3}$. Por outro lado, $n \geqslant 1 \Rightarrow 3n + 1 \geqslant 4 \Rightarrow \frac{1}{3n+1} \leqslant \frac{1}{4} \Rightarrow -\frac{1}{3} \cdot \frac{1}{3n+1} \geqslant -\frac{1}{3} \cdot \frac{1}{4} \Rightarrow \frac{n}{3n+1} = \frac{1}{3} - \frac{1}{3} \cdot \frac{1}{3n+1} \geqslant \frac{1}{3} - \frac{1}{3} \cdot \frac{1}{4} = \frac{1}{4}$. Assim, $\frac{1}{4} \leqslant \frac{n}{3n+1} \leqslant \frac{1}{3}$.

• $\sup(X) = \frac{1}{3}$. De fato, $\forall \varepsilon > 0$, $\exists n_0 \in \mathbb{N} : 3(3n_0 + 1)\varepsilon > 1$, i.e., $\frac{1}{3} \frac{1}{3n_0+1} < \varepsilon$. Logo, $-\frac{1}{3} \frac{1}{3n_0+1} > -\varepsilon$, daí $\frac{1}{3} - \frac{1}{3} \frac{1}{3n_0+1} > \frac{1}{3} - \varepsilon$ e, como $\frac{1}{3} - \frac{1}{3} \frac{1}{3n_0+1} \in X$, segue que $\sup(X) = \frac{1}{3}$.

• $\inf(X) = \frac{1}{4}$. De fato, $\forall \varepsilon > 0$, $\exists n_0 \in \mathbb{N} : (3n_0 + 1)3\varepsilon > -1$, i.e., $\varepsilon > -\frac{1}{3} \frac{1}{3n_0+1}$. Logo, $\frac{1}{3} - \frac{1}{3} \frac{1}{3n_0+1} < \frac{1}{3} + \varepsilon = \frac{1}{4} - \frac{1}{12} + \varepsilon < \frac{1}{4} + \varepsilon$. Como $\frac{1}{3} - \frac{1}{3} \frac{1}{3n_0+1} \in X$, segue que $\inf(X) = \frac{1}{4}$.

(d) $X = \left\{\frac{1}{n} - \frac{1}{m} : m, n \in \mathbb{N}\right\}$.

• $\inf(X) = -1$. De fato, seja $\frac{1}{n} - \frac{1}{m} \in X$, então $\frac{1}{n} - \frac{1}{m} \geqslant \frac{1}{n} - 1 > -1$. Daí, -1 é uma cota inferior de X. Dado $\varepsilon > 0$, existe $n_0 \in \mathbb{N}$ tal que $n_0\,\varepsilon > 1$, i.e., $\frac{1}{n_0} < \varepsilon$. Disso segue que $\frac{1}{n_0} - 1 < \varepsilon - 1 = -1 + \varepsilon$ e como $\frac{1}{n_0} - 1 \in X$. Logo, $\inf(X) = -1$.

• $\sup(X) = 1$. De fato, seja $\frac{1}{n} - \frac{1}{m} \in X$, então $\frac{1}{n} - \frac{1}{m} \leqslant \frac{1}{n} < 1$. Daí, 1 é uma cota superior de X. Dado $\varepsilon > 0$, existe $m_0 \in \mathbb{N}$ tal que $m_0\,\varepsilon > 1$, i.e., $\frac{1}{m_0} < \varepsilon$. Disso segue $1 - \frac{1}{m_0} > 1 - \varepsilon$ e como $1 - \frac{1}{m_0} \in X$. Logo, $\sup(X) = 1$.

9. Observe que $x^2 - 2x + 26 = (x-1)^2 + 25 \geqslant 25$. Daí, $l = 25$.

Exercícios Seção 3.4

1. Da propriedade arquimediana, existe $n \in \mathbb{N}$ tal que $ny > 1$, i.e., $\frac{1}{n} < y$. Por outro lado, $n < 2^n$, $\forall n \in \mathbb{N}$. Daí, segue que $\frac{1}{2^n} < \frac{1}{n} < y$.

3. Como $\frac{1}{n} \leqslant 1$, $\forall n \in \mathbb{N}$, segue que 1 é cota superior de X. Como $X \neq \varnothing$, $\sup X$ existe e $\sup(X) \leqslant 1$. Como $1 \in X$, segue que $1 \leqslant \sup(X)$. Portanto, $\sup(X) = 1$.

Observe que $n > 0$, $\forall n \in \mathbb{N}$, daí $n^{-1} > 0$, $\forall n \in \mathbb{N}$. Logo, 0 é cota inferior de X. Como $X \neq \varnothing$, $\inf(X)$ existe e $0 \leqslant \inf(X)$.

Suponhamos que $\inf(X) > 0$, então $\frac{1}{\inf(X)} > 0$. Como $\mathbb{N}$ é ilimitado, existe $n \in \mathbb{N}$ tal que $\frac{1}{\inf(X)} < n$. Daí, $\frac{1}{n} < \inf(X)$, mas isso é um absurdo; já que $\frac{1}{n} \in X$ e $\inf(X)$ é uma cota inferior de X, deveríamos ter $\inf(X) \leqslant \frac{1}{n}$. Portanto $\inf(X) = 0$.

5. Se $a \in A$, então $\inf(A) \leqslant a \leqslant \sup(A)$. Como $\inf(A) = \sup(A)$, segue que $a = \sup(A)$. Assim, $A = \{\sup(A)\}$, i.e., A é formado por um elemento só, $\sup(A)$.

7. Observe que $\sup(X) \leqslant \inf(X) + r$. Daí, segue que $\sup(X) - \inf(X) \leqslant r$.

9. Do item **(a)** da Proposição 3.3.20, segue que $\sup(Y) = \sup(k - X) = k - \inf(X)$. Analogamente, do item **(b)** da Proposição 3.3.20, segue que $\inf(Y) = \inf(k - X) = k - \sup(X)$.

Referências

[1] Agarwal, R. P.; Flaut, C.; O'Regan, D. *An introduction to real analysis*. Chapman and Hall/CRC, 2018.

[2] Andreescu, T.; Enescu, B. *Mathematical olympiad treasures*. 2nd. ed. New York: Springer, 2011.

[3] Baronti, M.; De Mari, F.; van der Putten, R.; Venturi, I. *Calculus problems*. Switzerland: Springer, 2016 (Unitext, 101; La Matematica per il 3+2).

[4] Bartle, R. G.; Sherbert, D. R. *Introduction to real analysis*. 4th. ed. New York: John Wiley & Sons, 2011.

[5] Cvetkovski, Z. *Inequalities. Theorems, techniques ans selected problems*. Berlin/Heidelberg: Springer-Verlag, 2012.

[6] Espinoza, E. *Análisis Matemático I*. Lima: Edukperu, 2012.

[7] Friedman, A. *Advanced calculus*. New York/Montreal: Holt, Rinehart and Winston Inc., 1971.

[8] Kong, M. *Calculo diferencial*. 4. ed. Lima: Fondo Editorial de la Pontificia Universidad Católica del Perú, 2001.

[9] Lang, S. *Undergraduate analysis*. 2nd. ed. New York: Springer-Verlag, 1997 (Undergraduate Texts in Mathematics.).

[10] Lay, S. R. *Analysis with an introduction to proof*. 5th. ed. Boston: Pearson, 2014.

[11] Mercer, P. R. *More calculus of a single variable*. New York: Springer-Verlag, 2014 (Undergraduate Texts in Mathematics).

[12] Randolph, J. F. *Basic real and abstract analysis*. New York/London, Academic Press, 1968.

[13] Rudin, W. *Principles of mathematical analysis*. 3rd. ed. New York: McGraw-Hill Book Co., 1976 (International Series in Pure and Applied Mathematics).

[14] Sasane, A. *The how and why of one variable calculus*. Chichester: John Wiley & Sons, 2015.

[15] Venero, A. *Introducción al análisis matemático*. 3. ed. Lima: Ebenezer, 2017.

Índice Remissivo

GRÁFICA PAYM
Tel. [11] 4392-3344
paym@graficapaym.com.br